ENCYCLOPÉDIE DES CONNAISSANCES AGRICOLES

Les Eaux-de-Vie
et les Alcools

ENCYCLOPÉDIE
DES CONNAISSANCES AGRICOLES

PUBLIÉE PAR UNE RÉUNION DE MEMBRES DE L'ENSEIGNEMENT AGRICOLE

SOUS LE PATRONAGE DE MM.

ADOLPHE CARNOT
Membre de l'Institut.

ED. MAMELLE
Sous-Directeur de l'Agriculture.

ET SOUS LA DIRECTION DE

E. CHANCRIN
Ingénieur agronome, Directeur d'École d'Agriculture.

FORMAT IN-16, CARTONNÉ

Les volumes parus sont indiqués par un astérisque ✱

I. — NOTIONS GÉNÉRALES SUR LES SCIENCES APPLIQUÉES A L'AGRICULTURE

✱ **Chimie générale appliquée à l'Agriculture,** par E. CHANCRIN, Directeur de l'École de viticulture et d'agriculture de Beaune. Un vol. 2 5o

✱ **Chimie agricole,** par E. CHANCRIN, Directeur de l'École de viticulture et d'agriculture de Beaune. Un vol. 2 5o

Physique et météorologie agricoles, par E. CHANCRIN, Un vol. . . . . ▸ ▸

Histoire naturelle générale :

Zoologie et Microbiologie agricoles. Un vol. . . . . ▸ ▸

Botanique agricole. par M. GRIFFON, Professeur à l'École nationale d'Agriculture de Grignon. Un vol. . . . . ▸ ▸

Géologie agricole, par GUICHARD, Professeur départemental d'Agriculture de la Côte-d'Or. Un vol. . . . . ▸ ▸

II. — AGRICULTURE

Agriculture générale (Culture et amélioration du sol), par M. PARISOT, Professeur d'agriculture à l'École nationale d'Agriculture de Rennes. Un vol. . . . . ▸ ▸

Agriculture spéciale :

✱ *Les Céréales,* par A. DESRIOT, Directeur de l'École d'agriculture de l'Allier. Un vol. 2 5o

✱ *Les Prairies,* par L. MALPEAUX, Directeur de l'École d'agriculture du Pas-de-Calais. Un vol. 1 5o

✱ *Les Plantes sarclées* (Pomme de terre, Betterave, Carotte, etc.), par L. MALPEAUX. Directeur de l'École d'agriculture du Pas-de-Calais. Un vol. . . . . 2 ▸

Les Plantes Industrielles :

✱ *La Betterave à sucre, la Betterave de distillerie et la Chicorée à café,* par L. MALPEAUX, Directeur de l'École d'Agriculture du Pas-de-Calais. Un vol. 1 5o

✱ *Les Plantes oléagineuses,* par L. MALPEAUX, Directeur de l'École d'agriculture du Pas-de-Calais. Un vol. . . . . 1 ▸

✱ *Les Plantes textiles,* par L. BONNETAT, Professeur à l'École d'agriculture de la Vendée. Un vol. . . . . 5o c.

✱ *Le Tabac,* par F. DE CONFEVRON, Vérificateur de la culture des tabacs. Un vol. . . . . 75 c.

✱ *Le Houblon,* par G. MOREAU, Professeur de brasserie à l'École nationale des industries agricoles de Douai. Un vol. . . . . 75 c.

Culture potagère, par J. VERCIER. Un vol. . . . . ▸ ▸

✱ **Arboriculture fruitière,** par J. VERCIER, Professeur d'horticulture et d'arboriculture de la Côte-d'Or. Un vol. 3 5o

ENCYCLOPÉDIE
DES CONNAISSANCES AGRICOLES
(*Suite*)

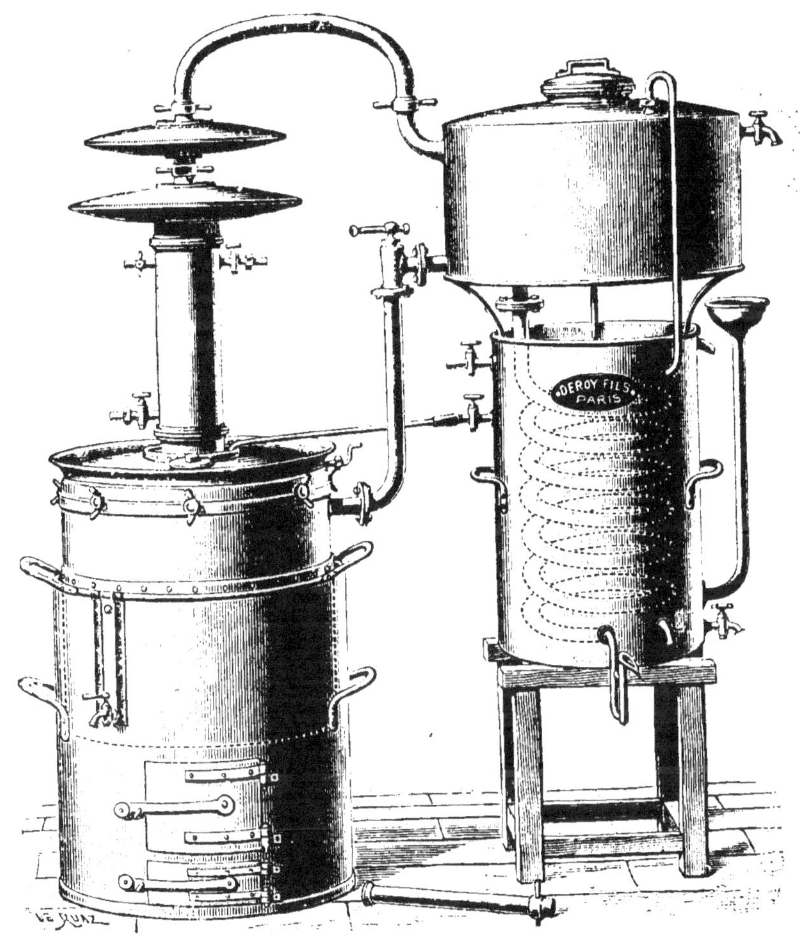

ALAMBIC

ENCYCLOPÉDIE DES CONNAISSANCES AGRICOLES

Publiée sous le Patronage de MM. ADOLPHE CARNOT, Membre de l'Institut,
et Ed. MAMELLE, Sous-Directeur de l'Agriculture
et sous la Direction de M. E. CHANCRIN, Directeur d'École d'Agriculture

Les Eaux=de=Vie
et les Alcools

Guide pratique
du Bouilleur de cru et du Distillateur

PAR

G. PAGÈS

Ingénieur-Agronome
Maître de conférences à l'École nationale d'Agriculture
de Montpellier

DEUXIÈME ÉDITION

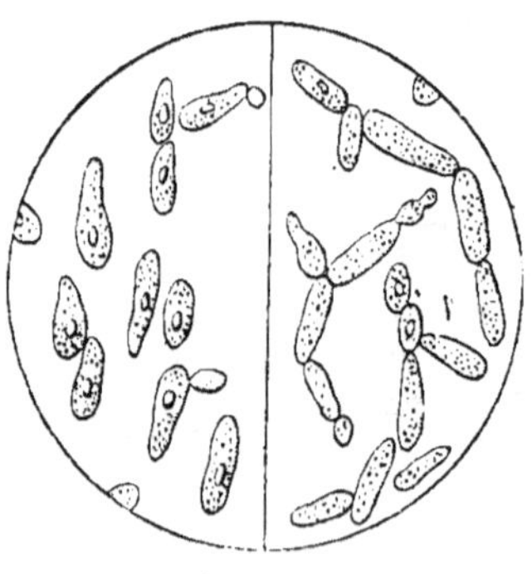

LEVURES

PARIS

LIBRAIRIE HACHETTE ET Cie

79, BOULEVARD SAINT-GERMAIN, 79

1911

PRÉFACE GÉNÉRALE

PAR

ADOLPHE CARNOT

Membre de l'Institut.

Un Romain qui savait faire valoir ses terres et qui a écrit, il y a deux mille ans environ, un remarquable traité d'agriculture, Columelle, s'étonnait que l'on n'enseignât pas les travaux des champs, les soins à donner aux animaux domestiques, aux arbres fruitiers, aux vignobles, aux abeilles, etc., pendant que d'autres arts, moins utiles à ses yeux, étaient en grande faveur à Rome.

« Je vois partout, disait-il, des écoles ouvertes aux rhéteurs,
« aux danseurs, aux musiciens; les cuisiniers et les barbiers
« sont en vogue; mais, pour l'art qui fertilise la terre, il n'y a
« rien, ni maîtres, ni élèves.... Et pourtant, quand même nous
« viendrions à perdre ceux qui professent toutes ces choses, la
« République pourrait encore avoir de beaux jours, car nos
« ancêtres, qui ne connaissaient point ces études et n'avaient
« même pas d'avocats, n'en furent pas plus malheureux; tandis
« que la Société humaine ne saurait se passer d'agriculture. »

Certes, depuis cette époque, il a été fait de grands progrès, surtout pendant les derniers siècles. La science, qui a révolutionné l'industrie, a de même rénové l'agriculture : elle a secoué la routine et porté la lumière dans les vieilles formules empiriques.

Nous ne pouvons plus dire, avec Columelle, qu'on n'enseigne pas l'agriculture; car, depuis 3o ans, en une foule de points de notre territoire, il a été créé des écoles où peuvent s'instruire un grand nombre de nos futurs agriculteurs. L'enseignement agricole supérieur, fondé chez nous avec l'*Institut agronomique*

de Versailles en 1848, tout au début de la 2ᵉ République,
a été, il est vrai, brusquement supprimé par l'Empire en 1852;
mais il a été heureusement rétabli à Paris, en 1876, par la
3ᵉ République. Il a rendu depuis lors de signalés services, en
même temps que les Écoles nationales d'agriculture de Grignon, de Rennes, de Montpellier, les Écoles pratiques d'agriculture, les Fermes-Écoles et les Écoles spéciales de laiterie,
de viticulture, d'aviculture, etc., préparaient chaque année plusieurs centaines de jeunes gens à la pratique des bonnes méthodes agricoles.

C'est assurément beaucoup, et pourtant ce n'est pas assez;
car l'instruction par des écoles spéciales ne peut atteindre
qu'une infime minorité de cultivateurs. Songeons, en effet, que
ceux-ci sont au nombre de 22 millions: et il n'y a que 82 éta-
blissements d'enseignement supérieur ou professionnel agricole!
Aussi peut-on dire encore aujourd'hui, au vingtième siècle, que
l'agriculture française souffre toujours d'une ignorance **trop**
générale.

Il est urgent d'y porter remède. Pour le présent, il faut, **le**
mieux possible, répandre l'instruction pratique dans le **monde**
des cultivateurs. Pour l'avenir, il faudra que les enfants **de la**
campagne trouvent à l'école primaire les éléments d'une instruction professionnelle, qui développe en eux le goût **des**
occupations rurales et qui les prépare à les exercer fructueuse-
ment. Il le faut dans leur propre intérêt. Il le faut aussi dans l'intérêt de la France: car notre pays a besoin de pouvoir compter
sur un personnel instruit et vaillant pour ne pas succomber
dans les luttes économiques, qui ne peuvent que devenir de
plus en plus ardentes.

Pour les cultivateurs praticiens, comme pour les élèves et
pour leurs maîtres de l'école primaire ou de l'école normale,
le meilleur outil à mettre entre leurs mains, c'est le livre, écrit
pour eux, simple, clair et à bon marché, qui puisse leur servir
d'appui ou de guide, où soient exposées les opérations de
culture ou d'industrie agricole, avec la précision de détail
nécessaire pour en assurer le succès.

Tel est le but que s'est proposé le distingué sous-Directeur de l'Agriculture, M. Mamelle, et qu'il s'est efforcé d'atteindre avec l'aide de son dévoué collaborateur, M. Chancrin, en créant une Encyclopédie des Connaissances agricoles.

Il existe déjà plusieurs encyclopédies d'agriculture, mais d'un caractère sensiblement différent. La plupart, à raison de leur étendue et de leur prix relativement élevé, s'adressent à un public plus instruit et plus fortuné; d'autres, en se maintenant dans des considérations trop générales, ne donnent pas satisfaction aux praticiens et vont plutôt à des amateurs, plus curieux de connaître les principes que les détails d'exécution des diverses opérations agricoles.

L'*Encyclopédie des Connaissances agricoles* s'attache, au contraire, à justifier son titre en fournissant aux cultivateurs et industriels, qui ont une instruction moyenne ou même élémentaire, les connaissances nécessaires à la pratique raisonnée de leur métier.

Elle comprend une série de petits volumes qui ont été écrits par des Membres de l'Enseignement agricole, spécialistes distingués, s'étant adonnés à la culture, à l'élevage du bétail, aux soins de la basse-cour, ou aux différentes industries agricoles. Non seulement les auteurs ont étudié de près les opérations qu'ils décrivent; mais leur habitude de l'enseignement a développé chez eux la faculté de vulgariser la science et d'en exposer méthodiquement les matières pour les faire bien comprendre du lecteur.

Les auteurs de l'*Encyclopédie des Connaissances agricoles* ont jugé utile de consacrer quelques-uns des petits volumes à l'exposé de notions scientifiques générales, que beaucoup de cultivateurs peuvent ignorer et qui sont cependant indispensables pour comprendre les explications techniques d'autres volumes. C'est ainsi que, pour rendre accessible à tous un volume de *Chimie agricole*, il a paru nécessaire de rédiger aussi un petit abrégé de *Chimie générale,* où se trouvent plus particulièrement expliqués les termes et les faits qui sont invoqués dans la chimie agricole. Il en est de même pour la physique et pour l'histoire naturelle appliquées à l'agriculture.

Les petits volumes de l'Encyclopédie seront particulièrement utiles aux élèves des Écoles pratiques d'Agriculture, qui ne peuvent pas toujours prendre des notes suffisantes en écoutant les leçons de leurs professeurs et qui y trouveront une source précieuse d'informations.

On peut croire qu'ils seront aussi fort appréciés des jeunes gens qui, après les études des lycées, des collèges ou des écoles primaires supérieures, voudront s'adonner aux occupations agricoles. Car, à côté de l'exposé précis de la pratique usuelle, ces petits livres leur présenteront la théorie qui l'explique et qui parfois leur permettra de l'améliorer.

ADOLPHE CARNOT,
Membre de l'Institut,
Ancien professeur a l'Institut agronomique,
Membre de la Société nationale d'Agriculture de France,
Ancien directeur de l'École supérieure des Mines.

LES EAUX-DE-VIE
ET LES ALCOOLS

PREMIÈRE PARTIE

NOTIONS GÉNÉRALES
SUR LES EAUX-DE-VIE
ET LES ALCOOLS D'INDUSTRIE

CHAPITRE I

CE QUE L'ON ENTEND PAR EAUX-DE-VIE
ET ALCOOLS D'INDUSTRIE

1. Définition. — *La distillerie est l'industrie qui a pour but la fabrication de l'alcool ordinaire que les chimistes appellent alcool éthylique*[1].

Outre l'alcool ordinaire, il existe une foule d'alcools différents beaucoup moins importants[2] : alcool méthylique, ou esprit de bois, provenant de la distillation du bois, l'alcool propylique, l'alcool amylique. le glycol, etc., etc.

---

1. On l'appelle encore alcool ordinaire *alcool de vin* ou *esprit de vin* parce que pendant longtemps on ne le retirait que du vin ; il a été signalé au moyen âge par les Arabes sous le nom d'esprit de vin. Ce n'est que beaucoup plus tard qu'on a su retirer l'alcool ordinaire d'une foule de produits (pommes de terre, betteraves, grains, etc.), ainsi que nous le verrons.

2. Les chimistes appellent du nom général d'*alcool* des composés formés de carbone, d'oxygène, d'hydrogène et capables de s'unir aux acides pour former de véritables sels appelés *éthers*. Ainsi compris, les alcools existent en nombre considérable (voir *Chimie générale appliquée à l'agriculture*, par E. Chancrin, *Encyclopédie agricole pratique*).

La distillerie s'occupe seulement de la fabrication de l'alcool ordinaire ou alcool éthylique.

Cet alcool est, en général, un produit de la *fermentation de matières sucrées.*

Les matières sucrées elles-mêmes peuvent provenir :

1° *De fruits* (raisins, pommes, poires, cerises, prunes, etc.), *de la betterave*, de la *canne à sucre* dans lesquelles elles existent naturellement :

2° *De la transformation de l'amidon* que contiennent par exemple la pomme de terre, les grains des céréales.

On réserve ordinairement le nom **d'eau-de-vie** aux alcools qui proviennent des raisins, des pommes, poires ou autres fruits, et on désigne sous le nom plus général **d'alcools** les produits provenant des betteraves, des mélasses, des grains de céréales, des pommes de terre, etc.

Eaux-de-vie
appelées encore
alcools
naturels.
{ *Eaux-de-vie* de Cognac, d'Armagnac, Trois-six de Montpellier, etc. } provenant des raisins.
Eaux-de-vie de marc, Alcool de vin.
Eaux-de-vie de cidre et de poiré. } provenant des pommes et poires.
Eau-de-vie de cerises (kirsch), de *prunes* (quetsch).

Alcools
appelés encore
alcools d'industrie,
{ *Alcool de betteraves.*
— *mélasses.*
— *grains.*
— *pommes de terre.*

Les eaux-de-vie servent plus particulièrement à la consommation de l'homme ; les alcools sont employés non seulement pour la consommation, mais aussi pour une foule d'usages industriels, par exemple pour l'éclairage, la force motrice, etc.

Nous étudierons plus particulièrement les *eaux-de-vie* que les viticulteurs peuvent préparer facilement.

La fabrication des alcools est plutôt du domaine de la grande industrie ; nous ne la décrirons que sommairement.

2. Richesse alcoolique des eaux-de-vie et des alcools. — On dit que la richesse d'une eau-de-vie est de 50° (50 degrés) lorsqu'elle contient 50 pour 100 d'alcool en volume, soit 50 litres d'alcool pur pour 100 litres d'eau-de-vie. Il en est de même pour un alcool d'industrie.

Pour déterminer le degré alcoolique d'une eau-de-vie ou d'un alcool on se sert d'un appareil appelé *alcoomètre* (fig. 1).

L'alcoomètre est un flotteur en verre formé d'une tige graduée à laquelle est soudée une cavité cylindrique remplie d'air, munie elle-même d'une boule plus petite pleine de mercure servant de lest.

L'échelle portée par la tige est divisée en 100 parties dont chacune représente un centième d'alcool en volume[1] : le degré o correspond à l'eau pure, et le degré 100 à *l'alcool pur*, appelé *alcool absolu*. Plongé dans un alcool à la température 15 degrés, l'alcoomètre en donne immédiatement la richesse alcoolique, parce que la graduation a été faite à cette température : par exemple, si l'alcoomètre à la température de 15 degrés s'enfonce dans un alcool jusqu'à la division 55, cela indique que cet alcool contient 55 centièmes de son volume d'alcool pur et le reste d'eau.

Il importe d'observer que l'alcoomètre de Gay-Lussac ayant été gradué à 15 degrés, ce n'est qu'à cette température que ses indications sont exactes. A des températures plus hautes ou plus basses, les liquides alcooliques se dilatent ou se contractent et deviennent, par conséquent, plus légers ou plus lourds, de sorte que l'instrument s'y enfonce plus ou moins, bien que leur richesse en alcool n'ait pas varié. Entre la température o et 30 degrés l'erreur ainsi commise peut aller jusqu'à 30 pour 100 de la richesse alcoolique de l'alcool essayé.

On corrige cette erreur à l'aide d'une *table de correction* construite par Gay-Lussac (voir p. 140). On s'en sert de la manière suivante : on plonge dans le verre contenant l'alcool à essayer un alcoomètre et un thermomètre. Supposons que l'alcoomètre indique 48 au niveau du liquide et le thermomètre 26 degrés. On cherche dans la première colonne horizontale le nombre 48 et dans la première colonne verticale à gauche 26 (degré indiqué par le thermomètre). On suit la ligne verticale partant de l'indication alcoométrique et la ligne horizontale du degré thermo-

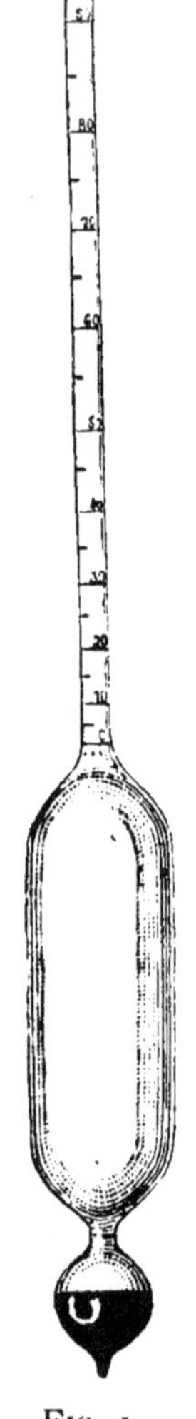

FIG. I.
ALCOOMÈTRE
CENTÉSIMAL
DE
GAY-LUSSAC.

---

1. Pour graduer l'appareil on l'a plongé dans l'alcool pur (absolu) à la température de 15°, et l'on a marqué 100 sur la tige, puis dans un mélange de 95 parties d'alcool et 5 parties d'eau toujours à la température de 15° et l'on a marqué 95 ; ensuite dans un mélange de 90 parties d'alcool pur et 10 parties

métrique; au croisement de ces lignes on trouve la richesse alcoolique exacte de l'alcool essayé, soit la quantité d'alcool pur qu'il renferme exprimée en centièmes de son volume (43°,5).

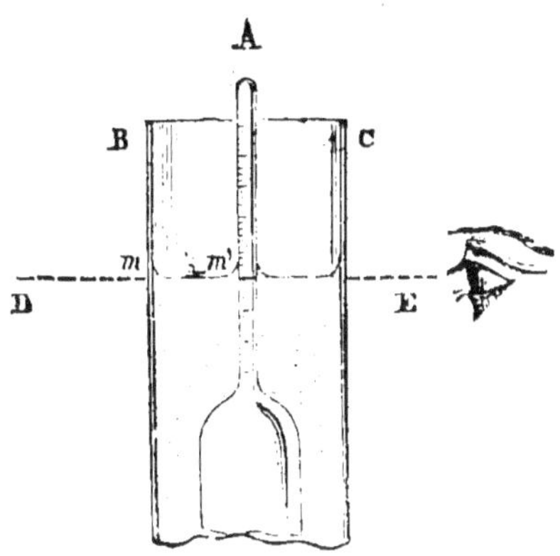

Fig. 2. — Comment on doit faire la lecture de l'alcoomètre.

Précautions à prendre. — 1° Pour que les indications de l'alcoomètre soient très exactes, il faut que le liquide mouille parfaitement la tige graduée, laquelle ne doit pas être grasse; pour cela il est utile de nettoyer l'alcoomètre avec un peu d'eau de savon ou avec un peu de l'alcool à essayer;

2° Pour effectuer la lecture de l'alcoomètre, on place l'œil au-dessous de la surface du liquide suivant la ligne DE (fig. 2)..

Remarque importante. — Il est bon de noter *que les résultats donnés par l'alcoomètre plongé directement dans un liquide alcoolique ne sont exacts qu'autant que ce liquide ne renferme pas de substances étrangères à l'eau et à l'alcool pur, qui en fausseraient les indications.*

Pour les *alcools d'industrie*, malgré qu'ils contiennent encore quelques impuretés[1], on peut utiliser directement l'alcoomètre pour la détermination de la richesse alcoolique.

Pour les *eaux-de-vie* prêtes à être livrées à la consommation, on ne peut procéder de la même manière, car elles contiennent le plus souvent des matières prises aux tonneaux dans lesquels on les conserve, ou ajoutées en vue de les rendre propres à la consommation[2]. On ne peut employer directement l'alcoomètre que pour les eaux-de-vie que l'on vient de distiller ou qui n'ont pas encore été traitées. La détermination du degré alcoolique des autres eaux-de-vie ou des alcools contenant des matières étrangères se fait par distillation, comme nous le verrons page 136.

---

d'eau et l'on a marqué 90°, ainsi de suite. Dans l'eau pure on a marqué 0 sur la tige.

1. Elles sont plus lourdes et moins lourdes que l'alcool ordinaire ce qui établit une compensation pour le flottage de l'alcoomètre.

2. Certains sirops, par exemple, pour les adoucir, leur donner du bouquet ou du moelleux.

Alcoomètre Cartier. — Cet alcoomètre ancien est encore employé dans le commerce des alcools; il a cédé peu à peu la place à l'alcoomètre centésimal de Gay-Lussac, beaucoup plus exact. Nous le citons néanmoins pour la commodité de ceux qui l'utilisent. (Voir p. 147 *la table des corrections des degrés Cartier en degrés centésimaux.*)

3. Dénominations des alcools commerciaux et des liquides alcooliques divers.

— Dans le commerce, on donne le nom d'alcool aux divers mélanges d'alcool et d'eau qu'on extrait, par la distillation, des liquides fermentés; on les distingue par diverses appellations ayant pour but de les différencier suivant le degré ou suivant l'origine. On les nomme souvent des *esprits* dès que la dose atteint 60 à 70 pour 100. Quand ils sont destinés à être employés comme boissons fortes, on les appelle plus particulièrement des eaux-de-vie, des eaux ardentes, des eaux de feu, selon les peuples qui en font usage. Les liqueurs sont des eaux-de-vie aromatisées et sucrées. Les liquides non distillés sont appelés généralement des *vins*, et les liquides d'où l'alcool a été extrait, des *vinasses*. — Voici la table des noms, des titres et des densités des divers alcools du commerce.

Noms des alcools.	Degrés Cartier.	Degrés centésimaux.	Densité à 15°
Eau-de-vie faible	16	37,0	0,957
Autre	17	41,0	0,951
Autre	18	46,0	0,947
Eau-de-vie ordinaire (preuve de Hollande)	19	50,0	0,935
Autre	20	53,4	0,930
Eau-de-vie forte	22	59,0	0,916
Trois-cinq	29,5	78,0	0,870
Trois-six	33	85,0	0,850
Trois-sept	35	88,0	0,841
Alcool rectifié	36	89,0	0,837
Trois-huit	37,5	92,0	0,828
Alcool à 40 degrés	40	96,0	0,813
Alcool absolu	44,2	100,0	0,794

L'eau-de-vie preuve de Hollande ou à 19 degrés Cartier contient à peu près la moitié de son volume en alcool pur.

On donne le nom de *trois-cinq* à l'esprit de 29°.5 Cartier, parce qu'en prenant 3 volumes de ce liquide et y ajoutant 2 volumes d'eau, on obtient environ 5 volumes d'eau-de-vie preuve de Hollande ou à 19 degrés.

L'esprit trois-six est l'alcool à 33 degrés, parce que 3 volumes mêlés à 3 volumes d'eau forment à peu près six volumes d'eau-de-vie entre 18 et 19 degrés.

L'esprit trois-sept est l'alcool à 35 degrés, parce que 3 volumes de cet esprit mêlés à 4 volumes d'eau forment 7 volumes d'eau-de-vie.

L'esprit trois-huit est l'alcool à 37°,5 parce que 3 volumes de cet esprit forment avec 5 volumes d'eau 8 volumes d'eau-de-vie.

On voit que les dénominations employées de trois-cinq, six, sept, huit correspondent à cet usage de faire avec trois litres de l'esprit considéré, et 2, 3, 4, 5 litres d'eau, une quantité d'eau-de-vie, de cinq, six, sept, huit litres. Dans le même ordre d'idées, on emploie quelquefois les expressions *d'esprit cinq-six, quatre-cinq, trois-quarts, deux-tiers, quatre-septièmes*, pour définir des esprits auxquels il faut ajouter un ou trois volumes d'eau, pour cinq, quatre, trois, deux, ou encore quatre d'esprit, afin d'avoir six, cinq, quatre, trois ou sept volumes d'eau-de-vie preuve de Hollande.

CHAPITRE II

PRINCIPE DE LA FABRICATION
DES EAUX-DE-VIE ET DES ALCOOLS

4. Les différentes opérations. — *La fabrication de l'alcool,* en général, comprend plusieurs opérations :

1° *La production d'un liquide sucré* appelé **moût**.

2° *La transformation de ce liquide sucré* en liquide contenant de l'alcool (*liquide alcoolique*); cette transformation s'appelle **fermentation**.

3° L'extraction de l'alcool du liquide alcoolique obtenu; elle se fait par **distillation**.

4° *La séparation de l'alcool pur des impuretés qui l'accompagnent,* surtout chez les alcools d'industrie; cette opération s'appelle **rectification**.

Nous allons étudier le principe de ces quatre opérations, avant d'étudier la pratique de la fabrication.

I. — PRÉPARATION DU LIQUIDE SUCRÉ OU MOUT

5. Pour obtenir de l'alcool il faut un liquide sucré.

Ce liquide sucré est tout préparé dans les fruits tels que les raisins, les pommes, poires, cerises, etc. Il suffit de l'extraire de ces fruits par un espèce de *broyage* ou *foulage*. Il contient, en général, un sucre appelé *glucose* et ordinairement un mélange de deux sucres, le *glucose* et le *lévulose*, pouvant fermenter; aussi les appelle-t-on *sucres fermentescibles.*

Les betteraves et *les mélasses* contiennent un sucre que les chimistes appellent *saccharose*, c'est le sucre ordinaire; il ne fermente pas directement, il faut qu'il soit transformé en glucose, qu'il soit comme on dit *interverti*[1] avant de pouvoir fermenter. Nous verrons comment se fait cette transformation.

Les pommes de terre, les grains de céréales ne contiennent

---

1. Le mélange de lévulose et de glucose est souvent appelé *sucre interverti.*

pas de sucre comme les betteraves; mais elles contiennent une substance, *l'amidon* ou *fécule*, que l'on peut transformer en *glucose*, que l'on peut, comme disent les praticiens, *saccharifier*; cette opération s'appelle *saccharification*. Nous indiquerons également comment elle se fait.

En résumé, *quelle que soit la matière première servant à la fabrication de l'alcool, la fermentation s'opère toujours finalement sur un liquide sucré et le sucre que contient ce liquide est du glucose ou un mélange de glucose et de lévulose.*

II. — COMMENT SE FAIT LA TRANSFORMATION DU MOUT EN LIQUIDE ALCOOLIQUE — FERMENTATION

6. Fermentation. — Lorsqu'on met dans une cuve des raisins foulés ou des fruits mûrs écrasés, il se produit naturelle-

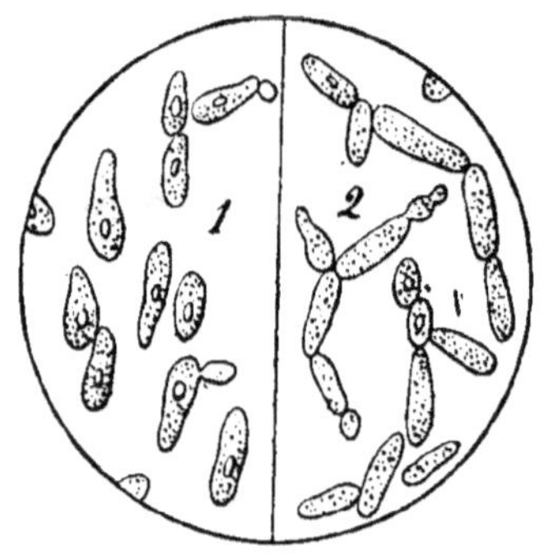

1. *Levures jeunes.* — 2. *Levures vieilles.*

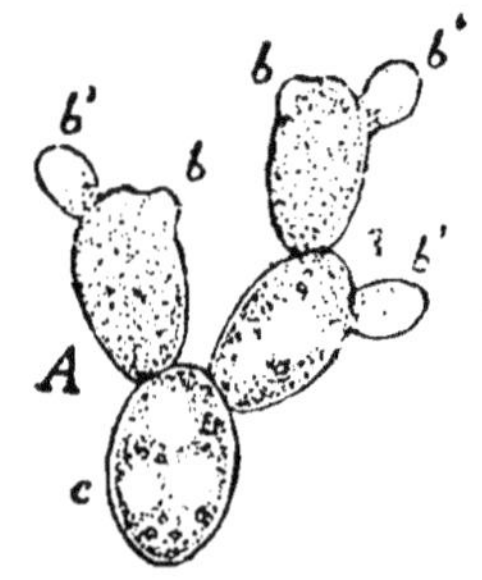

Levures se reproduisant par bourgeonnement dans un liquide sucré.

FIG. 3. — LEVURES VUES AU MICROSCOPE.

ment, sous l'influence d'une température convenable, un dégagement de bulles gazeuses qui viennent crever à la surface du moût. On constate comme une espèce d'ébullition dans toute la masse liquide, on dit que le moût *fermente*.

Lorsque le dégagement de bulles gazeuses a cessé, si l'on goûte le liquide, on perçoit une odeur et une saveur d'alcool, tandis que la saveur sucrée a complètement disparu si la fermentation a été complète. Le *liquide sucré* s'est donc transformé en un *liquide alcoolique* appelé par les distillateurs **vin**.

Grâce aux admirables travaux de Pasteur, nous savons que les fermentations sont dues à des êtres vivants extrêmement petits, microscopiques, appelés **ferments** ou **levures** (fig. 3).

7. Levures. — Le type le mieux connu de ces levures est la *levure de bière*. « Elle est constituée par des cellules affectant sous le microscope une forme lenticulaire plus ou moins renflée, souvent elliptique, quelquefois circulaire. Elles mesurent en moyenne cinq ou six millièmes de millimètre, et sont enveloppées d'une mince membrane dont la composition représente à peu près celle de la cellulose[1] » (Roos).

Les ***levures se reproduisent***. Si l'on introduit, en effet, une levure dans un liquide sucré, — une solution de glucose par exemple, — on constate qu'au bout de quelques heures le poids de levure a considérablement augmenté. Sur chaque cellule se forme un *bourgeon* qui se développe, se fractionne à son tour, et se détache enfin de la cellule mère. De telle sorte que l'on constate dans le liquide des cellules séparées ou des cellules en chapelet. La levure est donc un être organisé qui ***vit*** et qui ***meurt***.

Conditions nécessaires à la vie des levures. — La levure, pour vivre, a besoin de *nourriture* et même d'une nourriture variée. Elle a besoin d'oxygène qu'elle emprunte à l'air ou au sucre, d'aliments *minéraux* (des phosphates, des sels à base de potasse, de magnésie et de chaux) de matières *azotées*, tels que les sels ammoniacaux et les matières albuminoïdes[2]. La réunion de ces divers éléments en proportions convenables constitue pour la levure un milieu qui lui permet de se développer plus ou moins suivant la proportion de chacun d'eux. Ajoutons à ces conditions générales l'influence de la température et de l'acidité.

Examinons en détail chacun de ces points.

Nous n'insisterons pas sur les éléments minéraux nécessaires à la vie de la levure, car en général les liquides en renferment une assez grande quantité ; ce n'est qu'exceptionnellement qu'on est obligé d'en ajouter.

Action de l'oxygène. — Nous employons à dessein le mot oxygène parce que la fermentation peut avoir lieu au contact de l'air (vie *aérobie*) ou à l'abri de l'air (vie *anaérobie*). Mais dans les deux cas l'oxygène est nécessaire. Si on ne fournit pas d'air à la levure, elle l'emprunte au sucre, ou plutôt elle

---

1. La cellulose est un composé organique renfermant, comme le glucose, du carbone de l'oxygène et de l'hydrogène. La cellulose constitue la majeure partie du bois.

2. Les matières albuminoïdes sont des composés organiques quaternaires, c'est-à-dire renfermant de l'azote, du carbone, de l'oxygène, de l'hydrogène. Le type de ces matières est l'albumine ou blanc d'œuf.

vit aux dépens de la grande quantité d'oxygène qu'il renferme.

De là deux modes généraux de fermentation :

1er *mode*. — Prenons une solution de 100 grammes de sucre (glucose) dans un litre d'eau, et donnons à la couche liquide introduite dans une cuvette plate (fig. 4) une épaisseur de 2 à 3 millimètres. Introduisons 1 gramme de levure. La fermentation se produit, le liquide étant largement au contact de l'air. On constate au bout de quelques heures que le développement des levures est très actif, qu'elles se sont multipliées dans une mesure qui est hors de proportion avec le poids introduit. Un gramme de levure a produit dans ces conditions 25 grammes de levure et on constate *qu'il s'est formé très peu d'alcool*. La fermentation alcoolique n'a donc dans ce cas qu'une valeur secondaire.

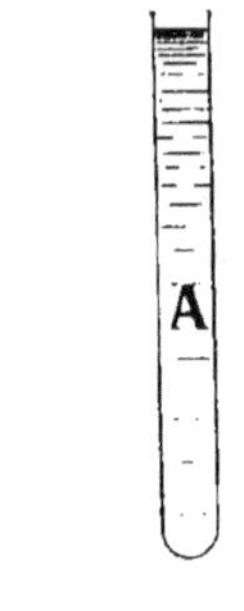

FIG. 4. — DÉVELOPPEMENT DE LA LEVURE DE BIÈRE.

A, *formation d'alcool;*
B, *formation de levure.*

2e *mode*. — Inversement, prenons une solution semblable à la précédente, et supprimons pour le vase A l'arrivée de l'oxygène avec le même soin que nous en facilitions l'arrivée dans le vase B, ou bien introduisons le liquide dans un vase à col étroit (fig. 4) que nous aurons au préalable débarrassé de l'air par un courant d'acide carbonique. Nous observerons des phénomènes inverses. *Nous récolterons 2 grammes de levure, mais nous trouverons dans le liquide une grande quantité d'alcool.* 100 grammes de sucre fournissent ainsi des poids égaux d'alcool et d'acide carbonique.

Conclusion. — Industriellement on utilise ces deux procédés. Veut-on obtenir beaucoup de levure et peu d'alcool? on fait fermenter le liquide sucré au contact de l'air, dans des cuves de grande section. — Veut-on au contraire obtenir peu de levure et beaucoup d'alcool, on opère à l'abri de l'air. Le vigneron réalise en somme ces deux conditions de fermentation. Au début, la cuve est aérée largement pour permettre aux levures apportées par le raisin lui-même, de se multiplier; puis la fermentation étant bien *partie*, l'acide carbonique qui se forme protège le liquide, et les levures, obligées de vivre aux dépens de l'oxygène du sucre, donnent beaucoup d'alcool.

Action de la température. — M. Bouffard fixe à 25 degrés la température pour une bonne fermentation. Au point de vue de la qualité du vin « La température de 20 degrés que l'on ne peut quelquefois dépasser en Bourgogne et celle de 35 degrés qu'on atteint presque toujours en Algérie sont défavorables. Les vins obtenus entre 20 et 32 degrés ont plus de suavité dans le parfum et sont nets de goût. Ceux obtenus de 30 à 35 degrés sont plats, moins parfumés[1], etc. »

De façon générale, on peut dire que les levures se développpent bien aux environs de 25 degrés. Les limites de développement sont comprises entre 15 et 20 degrés pour les races du Nord et 35 degrés pour les races du Midi. Au-dessus de ces températures leur activité diminue, très faible vers 40 degrés et nulle à 60 degrés.

Action de l'acidité. — Les levures sont capables de vivre dans un milieu neutre (dans lequel le papier de tournesol bleu reste bleu); mais il est préférable d'employer un milieu acide; Car les ferments autres que la levure se développent d'autant mieux que l'acidité est plus faible. L'acidité protège donc le développement de la levure[2].

8. Production de l'alcool. — Expériences. — Nous savons que les fruits (raisins, pommes, etc.) contiennent du sucre tout préparé, alors que les pommes de terre, les grains ne contiennent pas de sucre, mais de l'amidon que l'on peut transformer en sucre. On peut donc considérer deux cas : 1° le liquide contient du glucose; 2° le liquide n'en renferme pas, mais renferme de l'amidon :

1er Cas. — *Le liquide contient du glucose*. — On peut réaliser d'une façon simple la fermentation alcoolique (fig. 5). On

---

1. Conclusions d'un travail de MM. Chabert et Roos :

1° Pour les levures indigènes (région méridionale française) la température de fermentation la plus convenable nous parait être environ 30°. Nous pensons que les viticulteurs auront le plus grand intérêt à maintenir leurs cuvées autour de ce chiffre.

2° L'élévation au-dessus de 35° est une cause de diminution sensible du titre alcoolique final....

4° Les difficultés qu'on éprouve à faire fermenter des vins restés doux par suite d'une température excessive, tient à ce que le milieu contient une substance éliminée par la levure elle-même et toxique pour cette levure.

5° Les fermentations à haute température donnent des vins qui sont plus riches en azote albuminoïde que ceux qui ont fermenté à des températures convenables.

2. A titre de renseignement, M. Roos admet qu'il faut une acidité de 8 grammes d'acide tartrique par litre de moût d'Aramon, de Carignan, etc., 10 grammes pour hybride Bouschet, 12 grammes pour Jacquez.

introduit dans un flacon une solution de glucose et de la levure. Il se produit un dégagement d'acide carbonique qu'on peut recueillir et il se forme de l'alcool[1].

Or, tous les fruits mûrs renferment du glucose (raisins, prunes, pêches, etc.). Si donc on écrase ces fruits, on obtient un liquide sucré appelé *moût,* que l'on peut soumettre (comme

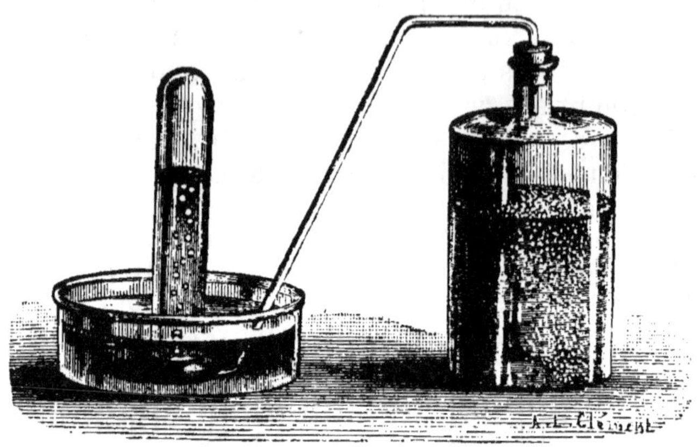

FIG. 5. — FLACON RENFERMANT DE L'EAU SUCRÉE ADDITIONNÉE DE LEVURE.

Celle-ci, privée d'air, décompose le sucre en formant de l'alcool et l'on voit se dégager de l'acide carbonique (fermentation).

la solution de glucose) à la fermentation. Le moût se transformera en solution alcoolique.

Certaines plantes, telles que la *betterave,* apportent aussi du sucre, du *saccharose* qui, pour fermenter, doit au préalable être transformé en glucose, ou plutôt en sucre interverti. Cette

---

1. En réalité, la fermentation alcoolique ne donne pas seulement de l'alcool et de l'acide carbonique. On trouve en outre, ainsi que l'a montré Pasteur, de la glycérine, de l'acide succinique, de l'alcool amylique, de l'alcool butylique, etc.

D'après M. Lindet, professeur à l'Institut agronomique, 1000 grammes de sucre donnent.

Acide carbonique.	466 gr. 7
Alcool	484 gr. 6
Glycérine	32 gr. 3
Acide succinique	6 gr. 1
Autres.	10 gr. 3
Total. . . .	1000 grammes.

Bien entendu, ces chiffres n'ont rien d'absolu.

transformation se fait par l'*invertine*, ferment apporté par la betterave elle-même et dont on favorise le développement en rendant le milieu acide.

2ᵉ Cas. — *Le liquide contient de l'amidon.* — On provoque la transformation de l'amidon en sucre fermentescible par l'action d'un ferment soluble (*une diastase*) sécrétée par le grain d'orge lui-même pendant sa germination (c'est ainsi que procèdent les brasseurs pour fabriquer le moût de bière) ou par l'action d'un acide étendu d'eau, comme le montre l'expérience suivante :

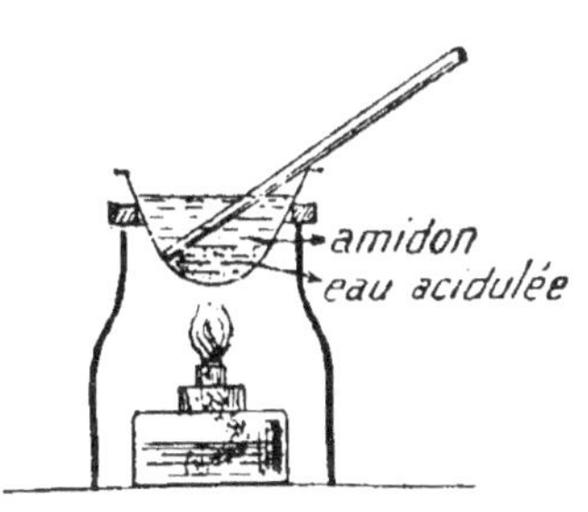

Fig. 6. — *Transformation de l'amidon en glucose sous l'action d'un acide étendu d'eau.*

Expérience (fig. 6). — Faisons bouillir un peu d'amidon dans de l'eau acidulée par un peu d'acide sulfurique. Au début de l'opération une goutte de teinture d'iode colore en bleu une goutte du mélange. La masse pâteuse en ébullition devient claire, l'amidon est devenu soluble. A mesure que l'ébullition se prolonge, l'iode bleuit de moins en moins la solution amidonnée; il arrive un moment où l'iode ne colore plus en rouge vineux, l'amidon s'est transformé en glucose.

La solution de glucose une fois obtenue, nous pouvons la faire entrer en fermentation, comme dans le 1ᵉʳ cas, en nous servant de l'appareil simple indiqué figure 5.

III. — COMMENT ON EXTRAIT L'ALCOOL D'UN LIQUIDE ALCOOLIQUE. — DISTILLATION

9. Principe de la distillation. — On sait que si l'on chauffe de l'eau à la température de 100°, elle entre en ébullition dans les conditions ordinaires de pression atmosphérique. Si on refroidit la vapeur formée, on obtient à nouveau de l'eau liquide (de l'*eau distillée*).

Si on chauffe dans les mêmes conditions de l'alcool, on constate qu'il bout à la température de 78°,5.

Donc, si on considère un mélange d'eau et d'alcool ou un liquide alcoolique, l'alcool se vaporisant à la température de 78°,5, les vapeurs d'alcool se formeront les premières; on pourra les recueillir et les refroidir pour les faire passer à l'état liquide. Cette opération s'appelle la *distillation*.

Tout appareil de distillation se compose, en principe, d'un *récipient* (chaudière), où l'on porte à la température voulue le liquide à distiller, et d'un *réfrigérant*, pour refroidir, condenser les vapeurs alcooliques.

L'appareil de distillation ordinaire s'appelle **alambic**.

L'alambic le plus simple (fig. 7) comprend une *chaudière* à cuire, ou *cucurbite* (*a*) dans laquelle on introduit le liquide à

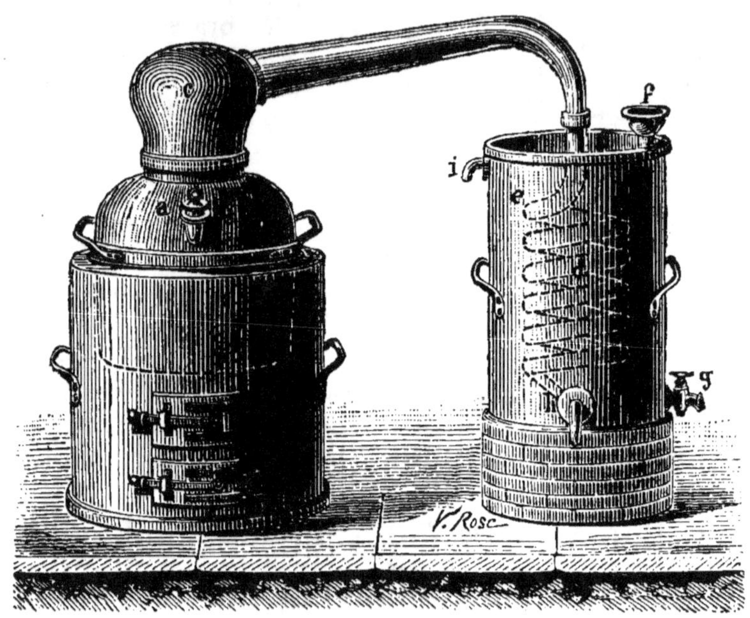

FIG. 7. — BRULEUR SIMPLE A TÊTE DE MAURE.

distiller. Cette chaudière ou cucurbite est surmontée d'un dôme ou *chapiteau*[1] (*c*) qui se relie par un tube à un *réfrigérant*. Le réfrigérant se compose d'un tube enroulé en *serpentin* (*e*) et placé dans un vase cylindrique contenant de l'eau froide. Cette eau est introduite par l'entonnoir (*f*) et on peut la retirer par le robinet (*g*).

Marche de la distillation. — Le liquide étant mis dans la chaudière, on chauffe : les produits de la distillation s'élèvent dans le chapiteau où ils se refroidissent un peu; un certain nombre d'entre eux (parmi lesquels, l'eau par exemple), dont la température d'ébullition est supérieure à celle de l'alcool (78°)

---

1. Appelé quelquefois tête de maure.

se condensent et retombent dans la chaudière pendant que les vapeurs alcooliques continuant leur chemin s'engagent dans le serpentin (*e*) entouré d'eau froide où elles se refroidissent [1] et passent à l'état liquide. Le produit obtenu est recueilli en (*h*); on l'appelle **flegme** [2].

Le *produit de la distillation, ou flegme*, ne contient pas que de l'alcool : nous avons vu, en effet, que le liquide alcoolique à distiller a une composition très complexe : de sorte qu'il passe à la distillation, non seulement de l'alcool, mais aussi, avec l'eau, des corps plus volatils ou moins volatils que l'alcool (aldéhydes, éthers, acides, alcools supérieurs, huiles essentielles, etc.).

Les corps plus volatils que l'alcool ordinaire et qui passent les premiers avec un peu d'alcool *au début de la distillation* constituent les *produits de tête*.

Les corps dont le point d'ébullition est très voisin de celui de l'alcool ordinaire et qui passent à peu près en même temps que l'alcool ordinaire, *au milieu de la distillation*, constituent les produits appelés *cœurs*.

Les corps dont le point d'ébullition est supérieur à celui de l'alcool ordinaire et qui passent avec un peu d'alcool ordinaire à la fin de la distillation constituent les *produits de queue*.

Nous verrons plus loin (rectification) comment on sépare de l'alcool ordinaire ces différents produits. On cesse la distillation lorsque le liquide qui s'écoule du réfrigérant ne contient plus d'alcool, c'est-à-dire marque o à l'alcoomètre.

Si le liquide à distiller contenait, par exemple, 6 pour 100 d'alcool (c'est-à-dire 6° d'alcool), et si, pour avoir tout l'alcool, on a distillé le tiers du liquide, le flegme obtenu contiendra $6 \times 3 = 18$ pour 100 d'alcool ou 18° d'alcool. Avec l'alambic ordinaire, à la première distillation on obtient un flegme peu concentré, pas assez riche en alcool. Mais on peut reprendre le flegme à 18° et le soumettre à une deuxième distillation : si pour avoir tout l'alcool on distille le 1/3 du flegme, le nouveau flegme obtenu contiendra $18 \times 3 = 54$ pour 100 d'alcool (54°).

On peut donc, par une série de distillations successives appelées *repasses*, obtenir un flegme de plus en plus concentré, de plus en plus riche en alcool [3].

10. Les différents appareils distillatoires. — *L'alambic ordi-*

---

1. On dit que les vapeurs se condensent.
2. Ce terme est surtout employé pour les alcools d'industrie.
3. Une repasse suffit, comme nous le verrons, pour avoir de l'eau-de-vie.

naire que nous venons de décrire n'utilise pas toute la chaleur produite; de plus, il présente l'inconvénient d'obliger le distillateur à faire une deuxième distillation pour avoir un flegme plus concentré, ce qui demande une perte de temps et exige une dépense de combustible assez grande. Pour faire disparaître ces inconvénients, les constructeurs ont fait subir à l'alambic ordinaire une série de transformations que nous allons étudier.

On a songé tout d'abord à utiliser la chaleur des vapeurs alcooliques passant dans le serpentin à échauffer le liquide à distiller, ou vin. On a employé le vin lui-même pour remplacer une partie de l'eau du réfrigérant, de telle sorte que la chaleur produite par la condensation des vapeurs d'alcool, au lieu d'être absorbée en pure perte par de l'eau, a désormais servi à échauffer le liquide à distiller (vin). L'alambic obtenu a été appelé *alambic chauffe-vin.*

Dans l'*alambic chauffe-vin,* dont le principe est indiqué par la figure 8, le liquide à distiller, ou vin, est chauffé dans la chau-

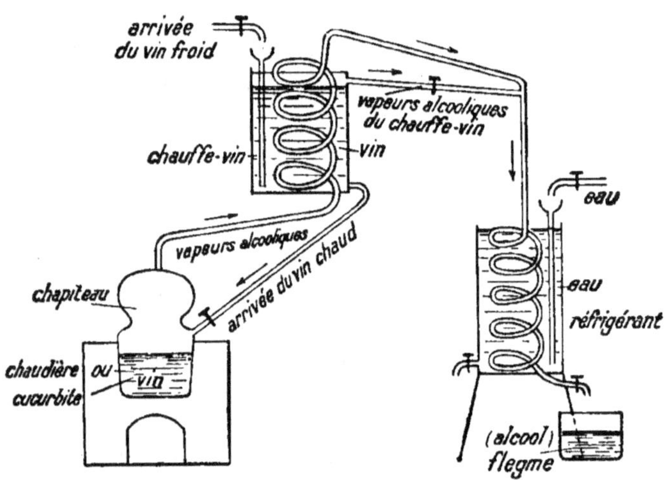

Fig. 8. — Principe de l'alambic chauffe-vin.

dière; les vapeurs alcooliques s'élèvent dans le serpentin du *chauffe-vin,* et cèdent de la chaleur au vin froid qui s'y trouve; peu à peu ce vin froid s'échauffe; les vapeurs alcooliques venant de la chaudière subissent alors dans le serpentin du chauffe-vin une séparation : les plus alcooliques, y trouvant assez de chaleur pour se maintenir, passent facilement et vont dans le deuxième serpentin du réfrigérant, tandis que les vapeurs plus aqueuses ne trouvant pas assez de chaleur se condensent et retombent dans la chaudière.

On obtenait ainsi deux avantages bien marqués : le premier, d'employer la chaleur des vapeurs alcooliques à réchauffer le vin que l'on va distiller ; le deuxième, d'obtenir dès la première distillation un flegme beaucoup plus concentré (plus riche en alcool) que celui qu'on obtenait avec l'alambic ordinaire. Ce système est encore employé chez bon nombre de petits distillateurs des Charentes (voir *Alambic charentais*, p. 39).

11. Alambics à premier jet. — *L'alambic ordinaire*, que nous venons de décrire, même avec le chauffe-vin, présente l'inconvénient d'une grande dépense de temps et de combustible, parce que le flegme obtenu n'a pas un degré alcoolique assez élevé et qu'on est obligé de procéder à une deuxième distillation (*repasse*). Aussi a-t-on cherché à produire des eaux-de-vie en une seule opération, du *premier jet*, au lieu de deux distillations successives.

Les *alambics de premier jet* utilisent l'un des trois principes suivants :

Ier PRINCIPE. — *Les vapeurs du vin à distiller produites dans la chaudière sont condensées dans une deuxième chaudière renfermée dans la première, de sorte que c'est la chaleur du vin à l'ébullition qui opère la distillation du liquide de la deuxième chaudière.*

On trouve l'application de ce principe dans *l'alambic à chauffe-vin de Veillon* (fig. 9).

Le serpentin du chauffe-vin débouche dans un récipient disposé au milieu du chapiteau. La vapeur du vin échauffe ce liquide, le met en ébullition et chasse la vapeur alcoolique qui traverse le deuxième serpentin où elle est complètement condensée. « Comme la chaleur nécessaire à la vaporisation de l'alcool est moindre que celle exigée par la vaporisation de l'eau, le liquide condensé dans le récipient fournit, par cette concentration, des vapeurs plus riches que celles du moût et par suite un alcool d'un degré plus élevé.

Le récipient de l'alambic Veillon, au lieu d'être placé dans le chapiteau peut être placé dans le liquide à distiller lui-même ; cette disposition est employée dans *l'alambic d'Alleau*.

Les alambics de Veillon et d'Alleau sont encore employés en Charente dans la fabrication des eaux-de-vie de cognac.

2e PRINCIPE. — *Les vapeurs du vin à distiller, produites dans* *la chaudière, sont condensées partiellement par un liquide froid ou tiède dans un **déflegmateur** ou **rectificateur**.*

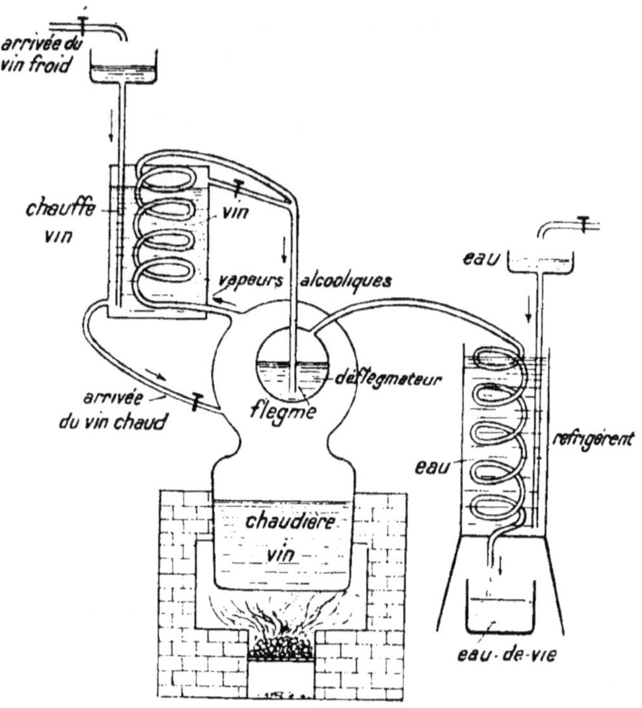

Fig. 9. — Principe de l'alambic Veillon.

A, *cucurbite;* B, *déflegmateur;* C, *chauffe-vin;* D, *réfrigérant;*
E, *liquide du réfrigérant;* F, *vin;* G, *retour à la cucurbite.*

On trouve l'application de ce principe dans les *alambics Égrot* et les *alambics Deroy.*

Rectificateur Égrot (fig. 10). — Le rectificateur Égrot se compose de deux sphères concentriques U. La sphère intérieure est parcourue par un courant d'eau amenée par l'entonnoir *l* et qui se répand ensuite sur la sphère extérieure, par le tube *n*. Cette sphère est recouverte d'une toile à grosses mailles. Cette toile assure une répartition égale du liquide et permet à l'eau répandue en couche mince de se vaporiser, en produisant un refroidissement énergique.

Les vapeurs alcooliques venant de la chaudière par le tube A s'élèvent dans l'espace compris entre les deux sphères et, au contact de cette double paroi refroidie, se dépouillent des vapeurs aqueuses qu'elles entraînaient, et qui retournent dans la chaudière de l'alambic; elles s'engagent ensuite seules, débarrassées de leurs petites eaux, dans le serpentin *s* où elles se condensent et à la sortie duquel elles sont recueillies, rectifiées, sans qu'il y ait lieu de les *repasser.*

Si on ne veut pas se servir du rectificateur, il suffit de ne pas y amener d'eau ; l'alambic fonctionne alors comme alambic simple et produit de l'eau-de-vie qui devra être *repassée*.

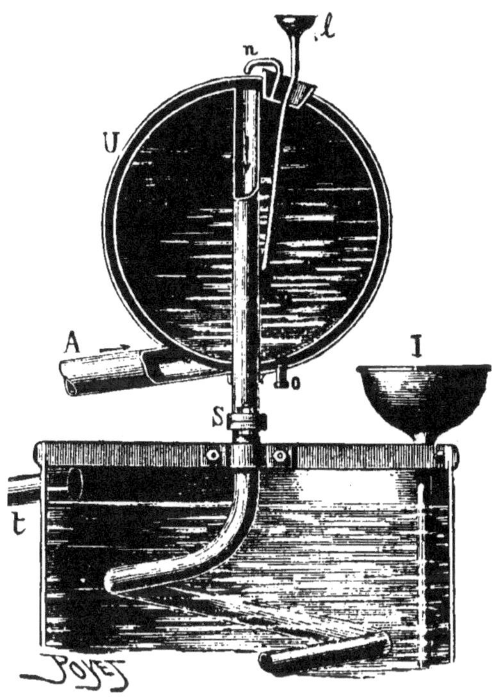

FIG. 10. — RECTIFICATEUR SPHÉRIQUE ÉGROT (*coupe*).

A, *tube d'arrivée des vapeurs alcooliques;* U, *sphères concentriques du recti-ficateur;* l, *entonnoir pour l'entrée de l'eau froide dans le rectificateur* n, *tube pour la sortie de l'eau qui doit couler sur la sphère extérieure;* o, *purgeur du rectificateur;* l, *entonnoir pour recevoir l'eau tombant dans le réfrigérant;* t, *tube de sortie de l'eau du réfrigérant.*

Le nettoyage intérieur de l'appareil est rendu très facile par un large orifice qu'il porte à sa partie supérieure, l'eau se vidant par le bouchon à vis *O*.

La figure 11 indique un alambic Égrot (à chaudière basculante) muni du rectificateur U. On distingue sur ce rectificateur la toile à grosses mailles chargée de répartir l'eau froide à la surface de la sphère extérieure.

Rectificateur Deroy (fig. 12). — Ce rectificateur se compose d'une lentille en cuivre à l'intérieur de laquelle se trouve en son milieu un disque également en cuivre. La surface de la lentille est refroidie extérieurement par de l'eau (8') venant du réfrigérant par le tube (9') et coulant sur un feutre.

Le rectificateur est situé sur le chapiteau (3) de la chaudière, muni également d'un disque (4). Ce chapiteau est également refroidi avec de l'eau (8) venant du réfrigérant.

Les vapeurs du liquide à distiller suivent la direction indiquée par les flèches : elles passent entre le disque (4) et la surface du chapiteau (3) refroidi

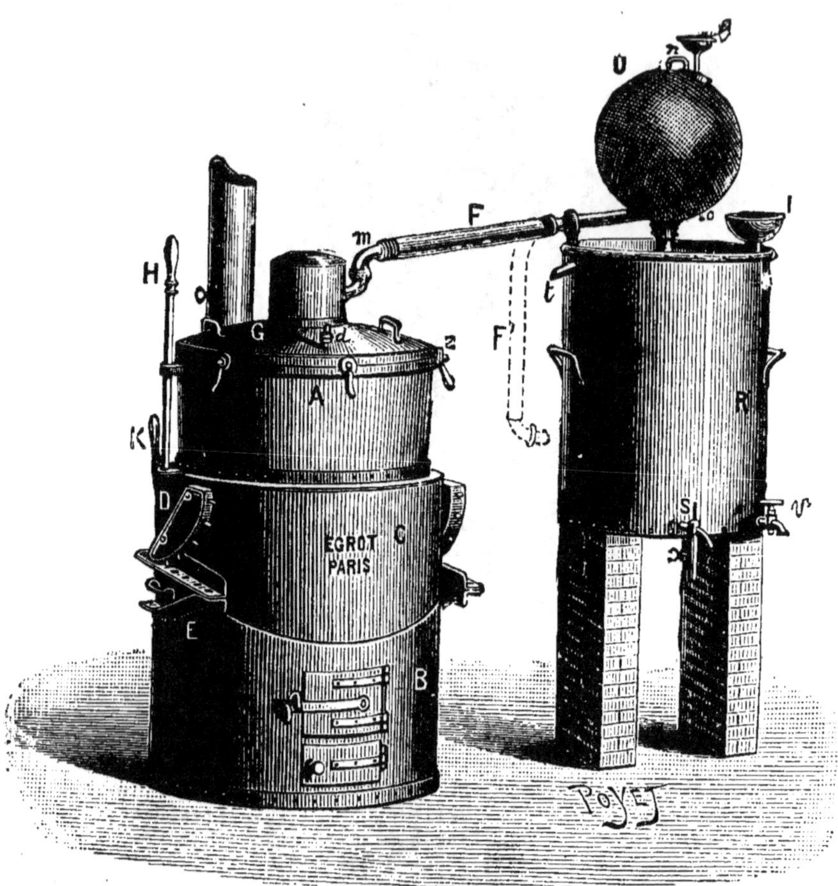

Fig. 11. — Alambic bruleur a bascule Égrot, muni du rectificateur U.

A, *chaudière*; B, *fourneau*: C, *partie basculante du fourneau*; H, *levier de basculement*; F, *col de cygne*; U, *rectificateur*; R, *réfrigérant*. I, *entonnoir pour amener l'eau du réfrigérant*; S, *éprouvette sortie du serpentin*. V, *sortie de l'eau du réfrigérant*.

par de l'eau, elles montent dans le rectificateur où elles sont encore refroidies, laissant les vapeurs les plus aqueuses se condenser et retomber dans la chaudière, pendant que les vapeurs alcooliques se dirigent vers le serpentin du réfrigérant.

3° Principe. — *Les vapeurs du vin à distiller sont condensées partiellement.*

On trouve l'application de ce principe dans certains *alambics continus* (*Savalle*, Égrot) dont nous allons parler.

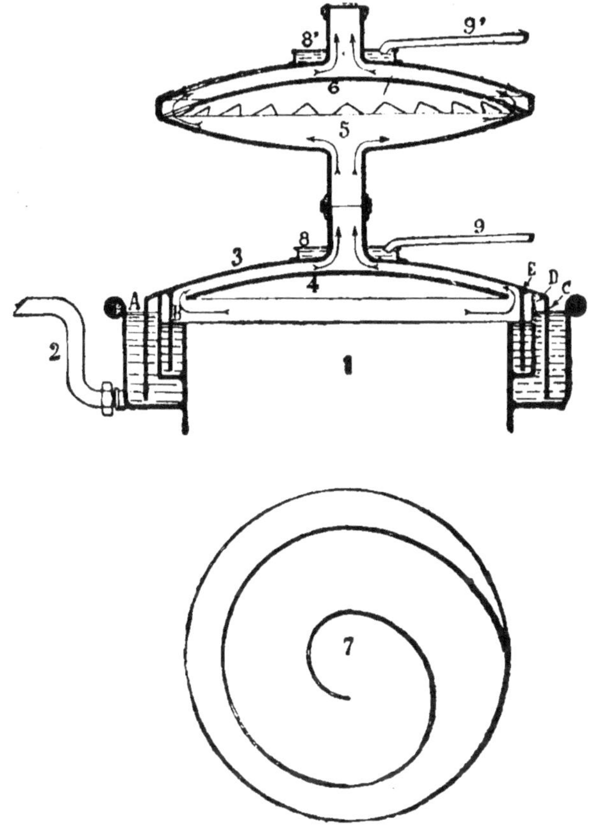

FIG. 12. — RECTIFICATEUR A LENTILLE DEROY.

chaudière; 2, trop plein de la gouttière extérieure; 3, chapiteau rectificateur; 4, diaphragme du chapiteau; 5, lentille de rectification; 6, diaphragme de la lentille; 7, vue en plan d'un diaphragme; 8 et 8', collerettes de répartition sur la toile; 9 et 9', tubes d'arrosage. — A, niveau d'eau dans la gouttière extérieure. — B, niveau d'eau dans la gouttière en débordement intérieur. — C, joint hydraulique extérieur. — D, gouttière recevant les condensations du chapiteau. — E, joint hydraulique intérieur.

12. Alambics continus. — Tous les systèmes d'alambics que nous avons étudiés jusqu'à présent sont des *alambics discontinus* : on charge la chaudière du liquide à distiller et, lorsque tout l'alcool s'est dégagé, il faut la vider pour se débarrasser du liquide restant, puis la recharger à nouveau pour une nouvelle distillation. Dans les *alambics continus*, il n'y a pas d'arrêt dans la distillation, le liquide à distiller se renouvelle d'une manière continue, au fur et à mesure que l'alcool distille. Ces appareils sont peu employés pour la fabrication des eaux-de-vie, mais très employés pour la fabrication des alcools d'industrie.

Comme *type d'alambic continu*, à grand rendement, nous

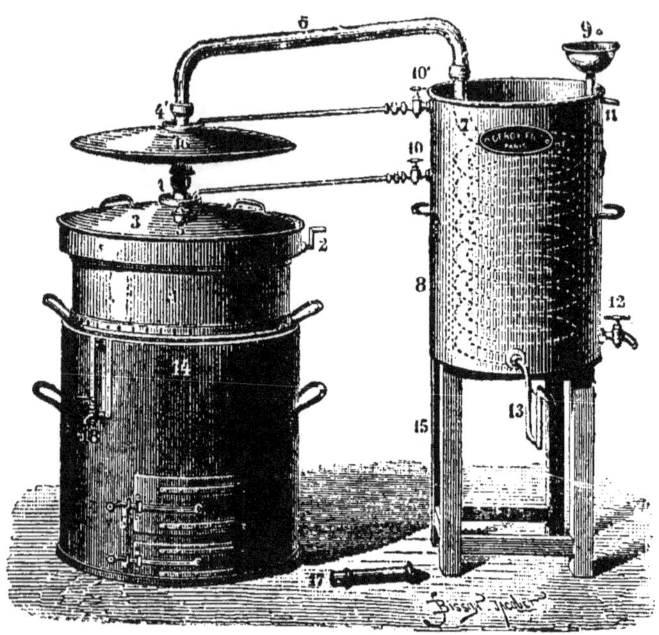

FIG. 13. — ALAMBIC DEROY AVEC RECTIFICATEUR A LENTILLE.

1, *chaudière;* 2, *trop-plein de la gouttière hydraulique;* 3, *chapiteau;* 4, *collerette;* 5, *bouchon à vis;* 6, *col-de-cygne;* 7, *serpentin;* 8, *réfrigérant;* 9, *entonnoir;* 10, *robinet de réglage du degré;* 11, *trop-plein supplémentaire;* 12, *vidange du réfrigérant;* 13, *sortie du serpentin;* 14, *fourneau en tôle;* 15, *support en bois.*

décrirons *l'appareil Savalle* (fig. 14). Cet appareil comprend plusieurs parties :

1° *La colonne Savalle.* — C'est la partie principale de l'appareil. Elle comprend une série de plateaux disposés en colonne à la partie supérieure de laquelle on introduit le liquide à distiller. Ces plateaux sont de véritables petits alambics superposés et le liquide à distiller descend d'un plateau à l'autre par des dispositifs spéciaux, tandis que la vapeur suit une marche inverse et monte en barbotant dans le liquide.

Examinons la disposition et le fonctionnement de trois de ces plateaux (1, 2 et 3, fig. 15). Ces plateaux sont percés au centre A et communiquent entre eux par des tubulures latérales *a, b, c*. L'arrivée du vin se fait par le tube *a* qui débouche un peu au-dessus du plateau, tandis que le plateau *b* (par lequel le vin coule du plateau 1 au plateau 2) s'ouvre un peu au-dessus du niveau du plateau 1, de sorte que le vin ferme lui-même l'extrémité des tubes, et la

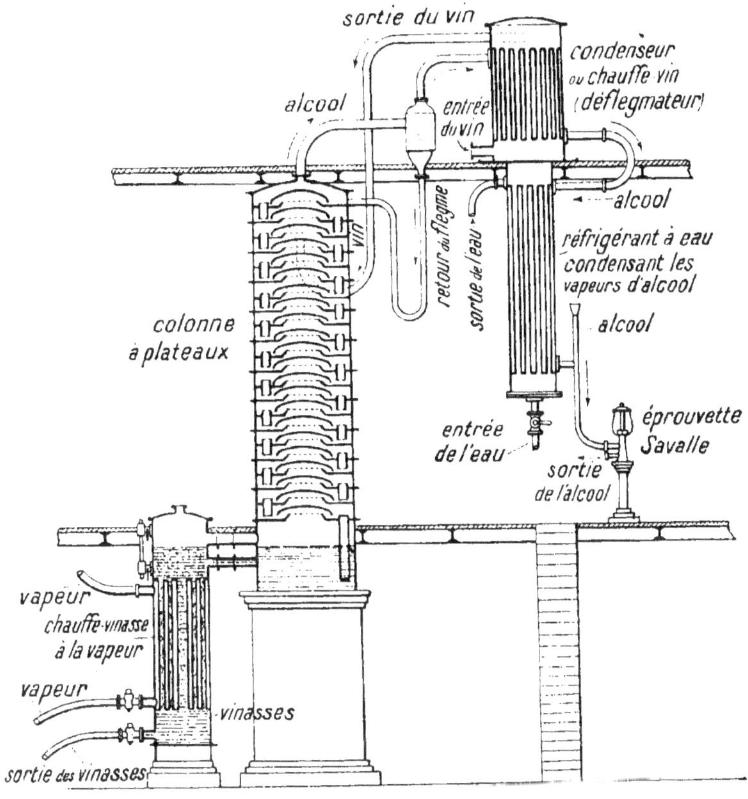

Fig. 14. — Appareil a distiller, système Savalle (d'après Lindet).

vapeur sera de la sorte obligée de traverser le liquide. Les tubes *a, b, c* sont placés à l'extrémité du diamètre et sont opposés.

La vapeur suit une marche inverse, et pénètre par les orifices A portant un ajutage recouvert d'une *calotte* disposée de telle sorte que les bords plongent dans le liquide. La vapeur, pour s'échapper, devra donc barboter dans le vin. Une partie se condense et descend avec le liquide de plus en plus épuisé pour aboutir au bas de l'appareil où l'on recueille un liquide qui ne renferme plus d'alcool et qu'on nomme *vinasse*.

En sortant de la colonne (fig. 14) l'alcool va subir une première condensation dans le *condenseur*, serpentin refroidi par le vin. Ce condenseur est un véritable *chauffe-vin*, on le nomme le *déflegmateur* parce qu'il laisse passer les vapeurs les plus pures en alcool, et retient les liquides trop peu riches qui, par un système de tuyauterie, peuvent être ramenés à la colonne.

Les vapeurs alcooliques continuent leur route. L'alcool doit arriver à l'air complètement refroidi, car il pourrait y avoir des explosions dangereuses. On parvient à ce résultat en faisant circuler les vapeurs et l'alcool dans un *réfrigérant* (fig. 14) formé d'un tube aussi long que possible (serpentin) refroidi par l'eau. Il est très important de bien surveiller l'alimentation en eau froide pour éviter les incendies.

2° *Éprouvette de Savalle*. — Avant d'être recueilli, l'alcool passe dans un récipient spécial dit *Éprouvette de Savalle* (fig. 16), qui permet de mesurer le débit, de connaître le degré alcoolique du liquide et sa température.

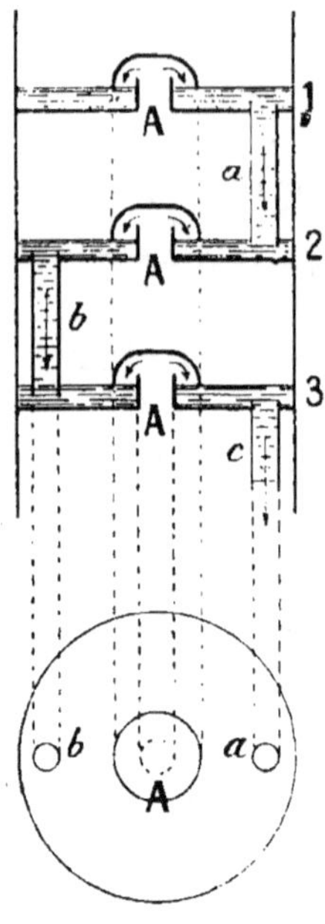

FIG. 15. — PLATEAUX
DE LA
COLONNE DE SAVALLE.

1, 2, 3, *plateaux; a, b, c, tubes de descente du vin; A, A, A, orifices par lesquels montent les vapeurs alcooliques.*

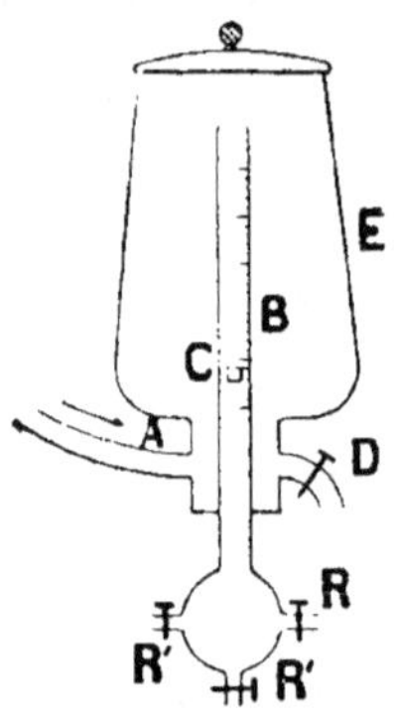

FIG. 16.
ÉPROUVETTE DE
SAVALLE.

A, *tube d'arrivée de l'alcool; C, orifice de sortie de l'alcool; B, tube de sortie de l'alcool; D, prise d'échantillon; R R' R'', évacuation de l'alcool.*

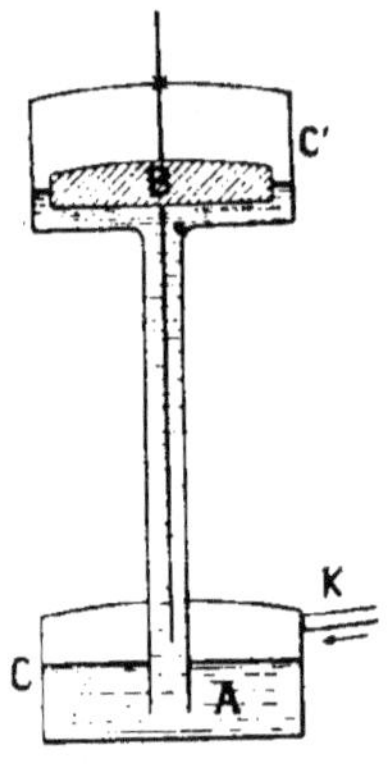

FIG. 17.
RÉGULATEUR DE
SAVALLE.

C, *caisse inférieure;*
C' *— supérieure;*
B, *flotteur;*
K, *arrivée de la vapeur.*

L'éprouvette est formée d'une sorte de carafe en verre dans laquelle l'alcool arrive par un tuyau A. Pour arriver à l'extérieur, l'alcool doit passer par une ouverture C ménagée dans un tube de sortie vertical B placé dans l'axe de l'éprouvette. L'orifice C est carré et de dimensions déterminées. S'il arrive trop d'alcool, il ne s'écoulera pas en entier et montera jusqu'à une certaine hauteur qu'on lira sur le tube vertical B gradué. Il se fait alors sur l'ouverture C une pression proportionnelle à la hauteur du liquide. On comprend qu'il soit possible de régler le débit du serpentin réfrigérant de façon à avoir sur le tube B une hauteur constante, ce qui indique en même temps un débit constant. Un système de tuyauterie et de robinets permet d'envoyer l'alcool aux réservoirs ou de le déguster.

La colonne de Savalle est chauffée par la vapeur. Il est très important de chauffer d'une façon régulière et on y parvient en introduisant, dans le trajet suivi par la vapeur de la chaudière à la colonne, un véritable manomètre à eau que l'on désigne sous le nom de *Régulateur de Savalle*.

3° *Régulateur de Savalle*. — Le régulateur de Savalle (fig. 17) est formé de deux caisses superposées C et C', communiquant entre elles par un tube vertical A, et à moitié remplies d'eau. Dans la caisse supérieure C' est placé un très large flotteur B relié aux appareils d'amenée de la vapeur à la chaudière. La caisse supérieure C est reliée à la colonne à distiller. Si la pression devient trop considérable dans la colonne, le flotteur s'élèvera dans la caisse supérieure, et on voit qu'il est facile d'établir un système de leviers tels que les mouvements du flotteur pourront entraîner la fermeture du conduit de vapeur. Au bout d'un certain temps, il s'établit un équilibre, et la pression se maintient à peu près constante dans la colonne.

En résumé, les éléments principaux d'un appareil à distiller continu sont : une colonne à distiller, un déflegmateur, un réfrigérant, une éprouvette et un régulateur de Savalle. La colonne comprend une vingtaine de plateaux.

Le nombre des plateaux est du reste variable avec les constructeurs. Ce que l'on recherche, c'est le contact le plus long du vin et de la vapeur. Dans le système Égrot par exemple, que nous examinerons page 55, on réalise ce but en augmentant la surface du plateau (fig. 31) et en forçant la vapeur à suivre un très long trajet.

Enfin il est nécessaire d'avoir des appareils permettant de distiller les moûts épais. Nous n'entrerons pas dans la description des appareils fort nombreux construits dans ce but.

Le produit obtenu est le *flegme* marquant de 85 à 90 degrés. Il doit en général être distillé à nouveau parce qu'il contient des produits qui le rendraient impropres à la consommation. Cette deuxième distillation est désignée sous le nom de *Rectification*.

Nota. — Nous examinerons les principaux genres d'alambics continus à propos de la distillation des eaux-de-vie et des alcools.

IV. — PURIFICATION DES ALCOOLS. — RECTIFICATION

13. *La rectification a pour but de séparer l'alcool pur et de bon goût des impuretés qui l'accompagnent*, après que l'on a opéré la distillation.

La distillation, ainsi que nous venons de le voir, donne un liquide alcoolique d'un degré plus ou moins élevé, appelé *flegme*, contenant, outre l'alcool ordinaire et de l'eau, une foule de corps plus volatils ou moins volatils que l'alcool, et constituant les impuretés à éliminer par la rectification.

Ces impuretés proviennent de différentes sources :

1° *Des matières premières employées* : nous savons en effet que le goût des fruits (raisin, pomme, cerise), de la betterave, etc., dû à des aromes spéciaux, se retrouve dans le liquide alcoolique qui provient de leur fermentation. Ces matières premières contiennent également des acides. Une partie de ces acides, ainsi que les corps plus ou moins volatils formant ces aromes spéciaux, passent dans les flegmes.

2° *De la fermentation* : celle-ci ne transforme pas seulement le sucre fermentescible ou glucose en alcool et acide carbonique ; il se forme en même temps, ainsi que nous l'avons vu (p. 11), un grand nombre de produits parmi lesquels la glycérine, l'acide succinique, une série d'autres alcools (alcools propylique, butylique, amylique, glycol, etc.). On trouve également, dans le liquide à distiller, des aldéhydes, des éthers résultant de la combinaison des acides avec les alcools formés, etc.

3° *De la distillation elle-même* : pendant la distillation et par suite de la chaleur, il se forme certains corps, notamment du furfurol.

Les impuretés que contient l'alcool n'ont pas le même point d'ébullition que l'alcool lui-même ; de plus elles n'entrent pas en ébullition à la même température.

La rectification consiste en une nouvelle distillation, mais fractionnée, en se basant sur les différences de température qui existent entre les points d'ébullition de l'alcool ordinaire et de ses impuretés.

Les impuretés qui passent au début de la distillation (aldéhydes, éthers) constituent les *produits de tête*.

Au milieu de la distillation passe principalement de l'*alcool bon goût* ou *cœur*.

Les impuretés qui passent à la fin de la distillation (alcools propylique, butylique, amylique, etc., certains acides, le furfurol, la glycérine) constituent les *produits de queue*.

Dans les *produits de tête*, ceux qui distillent les premiers ont franchement mauvais goût, ceux qui passent immédiatement après, ou *moyens goûts* de tête, sont quelquefois employés à tort dans la consommation ; mais en les redistillant ils peuvent donner un peu d'alcool bon goût.

Dans les *produits de queue*, on peut faire également la même distinction.

Le tableau ci-dessous résume la rectification :

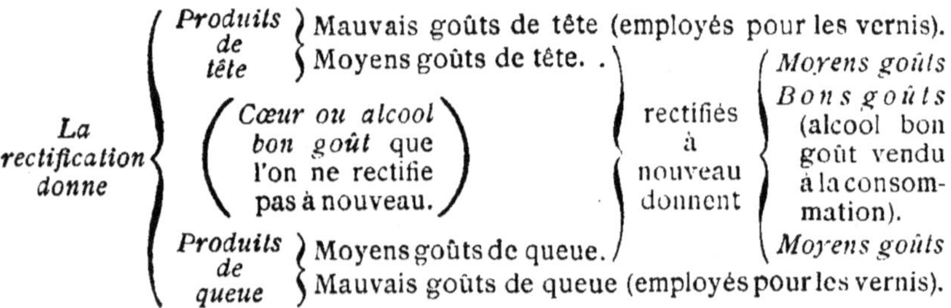

L'*alcool bon goût* est de l'alcool ordinaire (alcool éthylique) presque pur, ne contenant presque plus d'impuretés des flegmes et étant entièrement débarrassé de son mauvais bouquet d'origine ; aussi l'appelle-t-on *alcool neutre*.

L'*alcool mauvais goût* (constitué par les alcools mauvais goûts de tête et de queue) contient la plus grande partie des impuretés des flegmes, on ne peut l'utiliser qu'à certains usages industriels (préparation des vernis par exemple).

L'*alcool moyen goût* (constitué par les alcools moyens goûts de tête et de queue) contient une moins forte proportion d'impuretés que l'alcool mauvais goût : on a le tort de le faire entrer quelquefois dans la consommation.

14. Différence entre la rectification des alcools d'industrie et la rectification des eaux-de-vie. — La rectification des alcools d'industrie n'est pas la même que celle des eaux-de-vie.

Les alcools bruts provenant des fruits (vin de raisin, marcs, pommes, etc.), et que l'on nomme plus particulièrement eau-de-vie, ont un bouquet agréable recherché par le consommateur, alors que les alcools bruts d'industrie (flegmes) ont des impuretés en plus grand nombre et un bouquet très désagréable qui empêcheraient leur consommation.

Il en résulte que les alcools bruts d'industrie exigent une rectification bien plus grande que les eaux-de-vie brutes. Si l'on rectifiait, c'est-à-dire si l'on purifiait complètement ces eaux-de-vie, le bouquet recherché par le consommateur disparaîtrait et l'on obtiendrait de l'*alcool neutre* comme celui que l'on obtient avec les flegmes d'industrie; on leur ferait perdre ainsi une partie de leur valeur.

15. Pratique de la rectification des eaux-de-vie. — *La rectification des eaux-de-vie brutes* est très simple : si l'on emploie pour la distillation des *alambics ordinaires* qui obligent à faire une *repasse*, la rectification se fait au moment de la repasse, c'est-à-dire pendant la deuxième distillation. La chauffe s'opérant très lentement, on met de côté ce qui distille au début (produits de tête) et ce qui distille à la fin (produits de queue); tout l'art du distillateur d'eau-de-vie est dans la façon dont il conduit la chauffe et dont il fait la rectification incomplète, laissant à l'eau-de-vie les produits qui la parfument de leur bouquet particulier. Nous verrons comment opère le distillateur charentais (p. 36).

Si l'on emploie des alambics de premier jet (alambics Égrot et Deroy à rectificateur, par exemple), lesquels donnent des eaux-de-vie à degré alcoolique suffisamment élevé à la première distillation, la rectification se fait à la distillation même en mettant de côté comme précédemment les produits de tête et de queue.

16. La rectification des alcools bruts (flegmes) d'industrie. — On distingue la rectification *discontinue* et la rectification *continue* dont nous ne parlerons pas.

Principe de la rectification discontinue. — Pour étudier le principe de la rectification discontinue, nous prendrons comme type d'appareil le *rectificateur Savalle* (fig. 18).

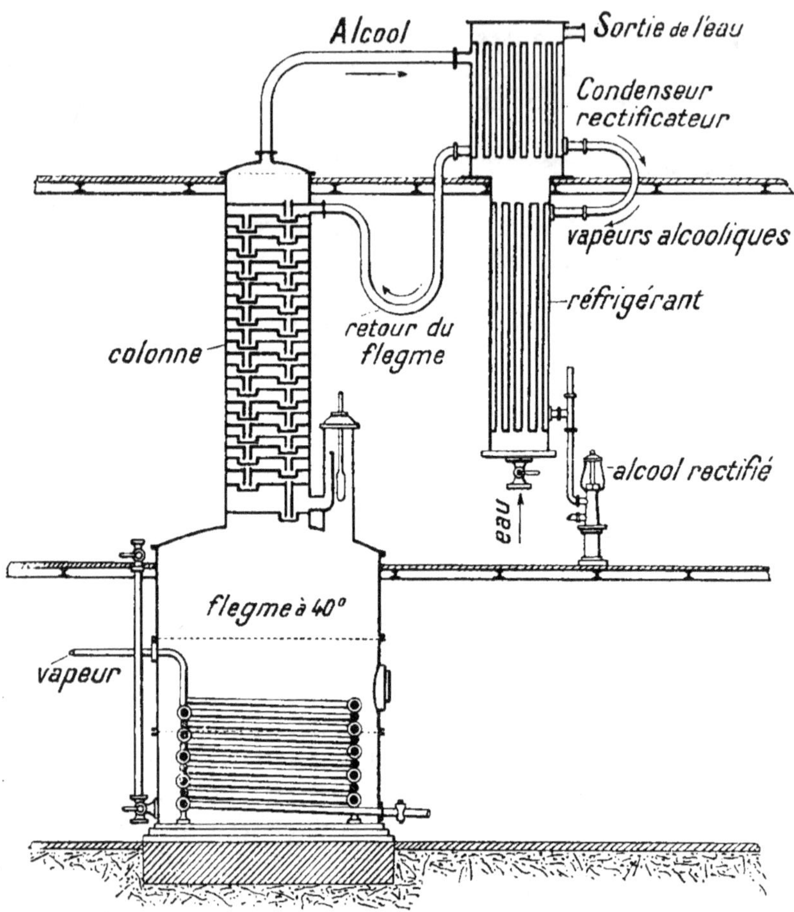

FIG. 18. — APPAREIL A RECTIFIER DE SAVALLE (*d'après Lindet*).

Le flegme à rectifier est dilué avec de l'eau à 40 degrés[1], puis introduit dans une chaudière chauffée par un serpentin de vapeur et surmontée d'une colonne à plateau (comme pour l'appareil à distiller).

Les vapeurs produites s'élèvent dans la colonne d'où elles pénètrent dans le *condenseur-rectificateur* que l'on refroidit énergiquement : les vapeurs alcooliques sont alors condensées et retournent à l'état liquide par un tube (retour des flegmes) dans la colonne dont elles garnissent les plateaux, puis jusque dans la chaudière. Repassant à l'état de vapeurs dans la chaudière,

---

1. On dilue le flegme, car les flegmes concentrés fournissent un rendement plus faible en alcool fin.

elles fournissent de l'alcool plus riche qui vient se condenser à nouveau, et font écouler peu à peu l'alcool moins riche primitivement accumulé dans les plateaux ; de sorte que, quand ceux-ci sont pleins, la moyenne partie de la colonne est chargée d'alcool très concentré.

La pression dans la colonne augmente graduellement (elle représente la somme des couches successives d'alcool qui viennent garnir les plateaux de la colonne) : lorsqu'elle n'augmente plus, l'appareil est en marche, l'opération de la rectification commence : on diminue l'arrivée de l'eau froide dans le condenseur-rectificateur de manière à ne condenser que les 2/3 de la vapeur ; l'autre tiers se rend dans le réfrigérant et de là dans l'éprouvette Savalle où on le recueille.

Les *premiers produits* que l'on recueille (3 pour 100) sont les *mauvais goûts de tête* : ils sont riches en aldéhydes et en éthers, ils ont une odeur forte et âcre, et souvent une couleur verdâtre. Il s'écoule ensuite des *moyens goûts* moins impurs que l'on mélange aux alcools bruts de l'opération du lendemain.

Alors commence le fractionnement du trois-six *bon goût* qui se reconnait par sa neutralité.

Quand le thermomètre placé sur le dôme de la chaudière marque 99 à 100 degrés on déguste le produit à l'éprouvette et on le fractionne dès qu'on observe que sa qualité diminue. « Aussitôt que le thermomètre marque 101 degrés, on fait cesser la production de l'alcool à l'éprouvette, en ouvrant en plein le robinet d'eau froide de la condensation. Cette manœuvre a pour résultat de faire rétrograder l'alcool dans la colonne et le condenseur afin d'empêcher ces parties de s'imprégner d'huiles essentielles. Enfin, quand le thermomètre marque 102 degrés, le liquide de la chaudière est dépouillé d'alcool.

On ouvre le robinet de vidange pour évacuer ce liquide et on met la colonne en communication avec le réservoir aux huiles et aux mauvais goûts de tête, à l'aide d'un robinet à trois eaux placé sur le retour du plateau inférieur plein de la colonne.

On ferme en même temps l'entrée de la vapeur de chauffe. Comme la pression n'est plus maintenue dans la colonne, les plateaux se vident aussitôt d'une manière complète, et le contenu s'écoule dans le réservoir aux huiles. Par cet artifice, les huiles ne viennent jamais salir le condenseur et le réfrigérant de l'appareil, elles restent sur les plateaux inférieurs, qui à la fin de l'opération se trouvent nettoyés par l'alcool qui retombe des plateaux supérieurs [1].

On obtient en opérant ainsi de 100 litres d'alcool brut :

Mauvais goûts de tête.	3
Moyens goûts (à repasser)	21,28
Alcool extra-fin.	71,58
Mauvais goût de queue	2,36
Perte.	1,78

---

1. Millet.

DEUXIÈME PARTIE

LES EAUX-DE-VIE

CLASSIFICATION DES EAUX-DE-VIE

17. Comme nous l'avons dit, page 2, on réserve le nom d'eau-de-vie aux alcools qui proviennent de la fermentation du jus sucré de certains fruits : raisins, pommes, poires, prunes, cerises, etc.

Nous les classerons et nous les étudierons dans l'ordre suivant :

Eaux-de-vie de vins
- Eaux-de-vie des Charentes (cognacs et fines champagnes).
- — de l'Armagnac.
- — de vin du Midi, trois-six de Montpellier.

Eaux-de-vie de vins altérés et malades.
Eau-de-vie de lies.
- — *marcs.*
- — *cidre et de poiré.*
- — *fruits.*

CHAPITRE III

LES EAUX-DE-VIE DE VINS

18. Les différentes eaux-de-vie. — Parmi les eaux-de-vie de vin se distinguent particulièrement : les *cognacs* et *fines champagnes* provenant de la distillation des vins de la Charente et de la Charente-Inférieure ; les eaux-de-vie de l'Armagnac et les eaux-de-vie du Midi.

On range très souvent après les eaux-de-vie d'Armagnac : les eaux-de-vie de *Marmande*, du Nantais, de l'Anjou, du Poitou.

Eaux-de-vie des Charentes (*Fines Champagnes et Cognacs*). — Les eaux-de-vie des Charentes sont connues sous les noms de cognacs et de fines champagnes. Ce sont les eaux-de-vie les plus fines et les plus estimées.

Le cépage dominant des Charentes est la *Folle blanche* ou *Courageot*; il est accompagné parfois par le *Colombard* ou *Sémillon blanc* et le *Saint-Émilion*. Les crus de la Charente se classent généralement de la manière suivante (fig. 19) :

En première ligne, la *grande Champagne* ou *Fine Champagne* dans une région assez peu étendue sur la rive gauche de la Charente avec Segonzac au centre (arrondissement de Cognac);

La *petite Champagne* qui entoure la grande Champagne, limitée au nord par la Charente et à l'ouest par la Seugne.

Les *Borderies*, produites sur un territoire très restreint sur la rive droite de la Charente, près de Cognac. Le cépage dominant est le Colombard.

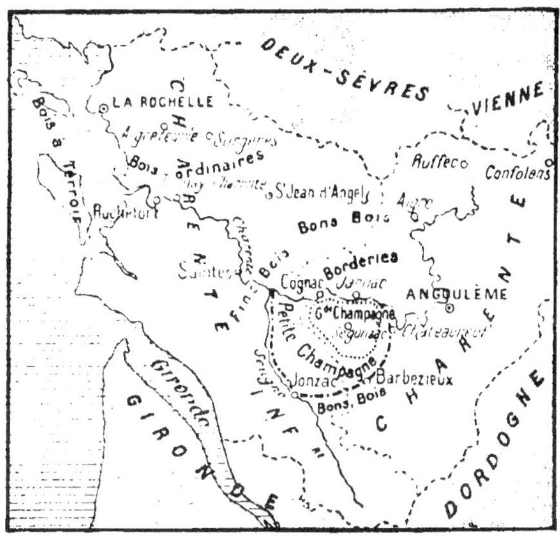

Fig. 19. — Région de production des eaux-de-vie des Charentes.

Viennent ensuite *les Bois*, qui se divisent en : *Fins-Bois* région environnant les deux Champagnes et où l'on cultive surtout le Colombard, le Jurançon blanc et le Saint-Émilion; les *Bons-Bois* entourant la première et s'étendant plus au nord et à l'est; les *Bois-Ordinaires*, région située au nord des Bons Bois et dans lesquels se produisent les eaux-de-vie d'Aigrefeuille et de Surgères; les *Bois-à-Terroir* aux environs de la Rochelle, aux iles de Ré et d'Oléron.

Eaux-de-vie de l'Armagnac. — Elles sont classées après les eaux-de-vie de la Charente; sans avoir la même valeur marchande que ces dernières, elles n'en sont pas moins très estimées. Le cépage cultivé dans l'Armagnac est la *Folle blanche* connue plutôt sous le nom de *Picpoul blanc*.

On produit les eaux-de-vie d'Armagnac dans trois régions (fig. 20) :

Le *Haut-Armagnac* (dans le département du Gers) comprenant les cantons de Condom, Valence, Vic-Fezensac, Jegun et Montesquiou;

Le *Bas-Armagnac* comprenant les cantons de Cazaubon et Nogaro dans le Gers, et de Gabarret dans les Landes;

Le *Ténarèze* (cantons d'Eauze et de Montréal, dans le Gers, et de la partie sud du Lot-et-Garonne).

Eaux-de-vie du Midi. — Alors que dans la Charente on cherche avant tout à produire des eaux-de-vie fines, la question du prix de revient étant relativement secondaire, dans le Midi on cherche à fabriquer des eaux-de-vie de qualité bonne sans doute mais surtout à un prix de revient le moins élevé possible.

Les eaux-de-vie du Midi sont obtenues principalement par la distillation

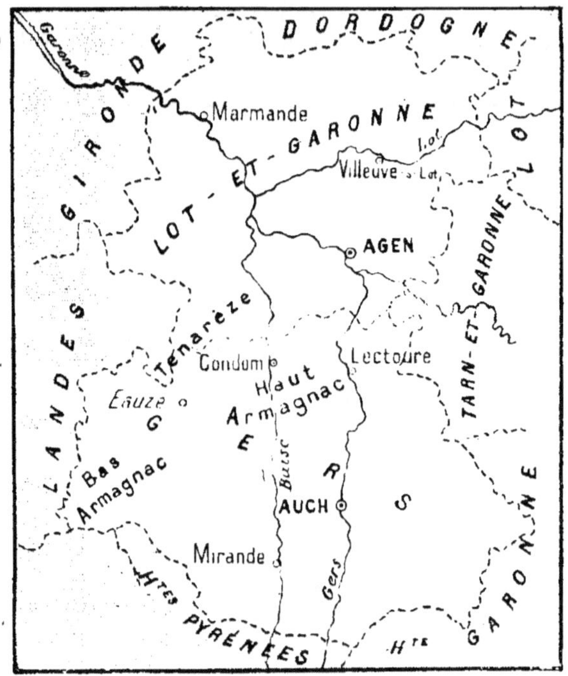

FIG. 20. — RÉGION DE PRODUCTION DES EAUX-DE-VIE DE L'ARMAGNAC.

des vins peu susceptibles de se transporter; on distille également des vins malades ou altérés, des piquettes, des lies.

Les *trois-six* de *Montpellier* proviennent surtout de l'Hérault, du Gard et de l'Aude.

Nous verrons que la distillation varie un peu suivant les eaux-de-vie que l'on veut obtenir.

19. Influences qui président à la production des eaux-de-vie. — *Choix des vins*. — Il est reconnu que les meilleures eaux-de-vie s'obtiennent avec des vins de caractères définis, peu riches en alcool et assez acides, provenant de certains cépages, comme la *Folle blanche*, par exemple, cultivés dans des sols et des climats spéciaux.

Tous les vins ne sont pas aptes à donner de bonnes eaux-de-vie ; ce n'est pas parce qu'un vin sera excellent qu'il pourra donner une bonne eau-de-vie.

Influence du cépage. — « Les vins blancs sont meilleurs que les vins rouges, ils donnent à la distillation une eau-de-vie plus moelleuse et plus douce, dont les qualités tiennent à ce que les vins blancs sont exempts d'huiles essentielles et autres substances qui se dissolvent par la macération des rafles et des pellicules.

« Les vins de Folle blanche, moins alcooliques et plus acides que les vins de Colombard et de Saint-Émilion, donnent, dans les mêmes conditions de sol et de climat, des eaux-de-vie supérieures à celles de ces derniers vins[1]. »

Influence du sol. — Les eaux-de-vie produites par un même cépage sont différentes suivant les sols. En général, pour qu'un cépage déterminé donne une bonne eau-de-vie, il faut qu'il soit cultivé dans un terrain très calcaire, peu profond, peu fertile. Les sols argileux donnent des eaux-de-vie de moins bonne qualité.

Influence du climat. — On a essayé souvent de cultiver la *Folle blanche* dans des sols très calcaires analogues à ceux de la Charente croyant que l'on obtiendrait des eaux-de-vie fines. Les tentatives ont toujours échoué parce que le climat exerce une influence marquée sur la qualité des eaux-de-vie.

Influence de la culture. — Les viticulteurs admettent que la qualité des vins diminue à mesure que la récolte augmente. Il n'en est pas de même pour les eaux-de-vie : on n'a pas constaté que l'abondance de la récolte influait sur la qualité.

« Les cépages à eaux-de-vie fines sont des cépages à très grande production, et on ne cherche nullement ni par la taille, ni par la fumure, à réduire cette production. Les *fumures* ne semblent pas non plus exercer une action aussi grande sur la qualité des eaux-de-vie que sur celle des vins de grands crus[2]. »

Influence de la vendange et de la fermentation. — « La nature et la qualité de la vendange ont une grande importance dans la fabrication des eaux-de-vie. Les vendanges atteintes

---

1 et 2. PACOTTET, *Vinification.*

de pourriture, telles que la pourriture grise (Botrytis cinerea), donnent des eaux-de-vie de qualités différentes de celles des vendanges saines mais, bonnes toutefois. Il n'en est pas de même des vendanges atteintes de pourriture verte (penicilium glaucum) ou autres moisissures qui donnent au raisin une mauvaise odeur.

« Si le triage n'est pas opéré, quels que soient les soins pris à la fermentation ou à la distillation, les eaux-de-vie ont des tares, en particulier un goût de moisi qui les rend sans valeur.

« *A priori* nous pouvons dire que la fermentation est aussi très importante, les levures produisent en effet des alcools supérieurs qui jouent un très grand rôle dans le bouquet des cognacs, mais ces alcools supérieurs sont aussi produits par des levures sauvages, telles les mycolevures, *torula*, qui, si elles donnent moins d'alcool que les levures ordinaires de la fermentation, donnent plus d'éthers supérieurs.

« Quant aux ferments de maladies, aux microbes communs qui accompagnent la fermentation ordinaire, on ne leur connaît pas d'action définie, si bien qu'à l'heure actuelle les données de la science à ce sujet ne permettent pas de dire aux Charentais: « Pour avoir de meilleures eaux-de-vie, faites fermenter vos moûts stérilisés avec des levures pures. »

« Au contraire, il semble que les essais de levurage artificiel aient montré que les levures pures, qui donnent un rendement plus élevé en alcool, donnent des eaux-de-vie plus franches, mais moins moelleuses et possédant moins ce cachet caractéristique des cognacs, que les produits obtenus avec les ferments du raisin.

« Comme pour les vins, on a préparé des levures sélectionnées originaires des grands crus à eau-de-vie de Champagne, capables de donner au moût le bouquet propre à leur origine. Mais nous croyons moins encore que pour les vins la levure capable d'une pareille transformation. Le problème est donc loin d'être résolu.

« Les fermentations alcooliques de certains domaines sont souvent dues à des levures de fruits provenant du voisinage de vergers ou de bois. C'est à cette cause qu'il faut rattacher certains goûts de terroir; il est facile d'améliorer les vins qui possèdent ce goût par l'apport de pieds de cuve ou de levures pures.

« La fermentation la plus à redouter est la fermentation putride, due à l'introduction à la cuve de soufre provenant du soufrage des vignes. On ne devra distiller ces vins qu'après les avoir traités de façon à faire disparaître les sulfures qui se forment, tels le sulfure d'éthyle ou mercaptan, dont l'odeur est si pénétrante, même à dose infinitésimale, l'acide sulfhydrique, gaz qui rend l'eau-de-vie nauséabonde et forme, avec le cuivre des appareils, des sulfures difficiles à enlever et capables de communiquer aux chauffes suivantes leur odeur caractéristique[1]. »

Influence de l'âge des vins. — Il est inutile pour obtenir de meilleures eaux-de-vie d'attendre que les vins vieillissent pour les distiller. En général, dans la Charente on commence à distiller les vins dès qu'ils viennent d'être terminés, on continue pendant la saison d'hiver.

On ne doit distiller que des vins complètement fermentés, c'est-à-dire ne contenant plus de sucre, afin qu'il n'y ait pas de perte d'alcool.

Influence du degré alcoolique du vin. — En général, il faut autant que possible ne distiller que des vins ayant de 7 à 8 degrés. Lorsque les vins employés ont un degré alcoolique plus élevé, on peut les couper avec des vins plus faibles.

Influence de l'acidité du vin. — En général, les bonnes eaux-de-vie sont obtenues avec des vins relativement très acides. Les vins très alcooliques, mais plats, c'est-à-dire manquant d'acidité, donnent des eaux-de-vie de qualité moindre.

Lorsque les vins à distiller sont insuffisamment acides, on peut corriger ce défaut en leur ajoutant de l'acide tartrique de façon qu'ils aient une acidité totale de 12 grammes exprimée en acide tartrique[2].

20. Soins à donner aux vins soumis à la distillation. — « Pour obtenir une eau-de-vie de bonne qualité, il semble nécessaire que le vin employé soit parfaitement sain ; et pourtant on ne peut se figurer avec quelle négligence et dans quel abandon sont laissés les vins destinés ou condamnés à la distillation. Lorsque l'on conseille les soins les plus élémentaires d'œnologie, l'ouillage par exemple, le viticulteur répond toujours que le vin couvert de fleurs, ou dans lequel le mycoderma aceti apparaît, lui donne les eaux-de-vie qui font la réputation de son cellier.

---

1. Pacottet, *loc. cit.*
2. Voir comment on acidifie les vins (*Le Vin*, par E. Chancrin, « Encyclopédie agricole pratique »).

« Après de tels exemples, on se demande si ces deux organismes ne donnent pas, en échange de l'alcool qu'ils volent, des produits tels que l'acide acétique et ses composés qui augmentent l'éthérisation du vin.

« Mais il est bien évident que, dans les cas de vins très malades, chargés d'acide acétique, comme ceux atteints de graisse et de tourne avancée, la trop grande quantité de produits volatils qui passent à la distillation nuit à la qualité de l'eau-de-vie.

« Ainsi, nous voyons que la distillation est moins exigeante dans le choix des vins que la consommation[1]. »

Les viticulteurs charentais, au moment de la distillation, remuent les fûts de façon à mélanger intimement le vin avec le dépôt qu'il a produit. Ce mélange ne doit être pratiqué que lorsque les lies de dépôt sont peu importantes et sont saines, c'est-à-dire lorsqu'elles proviennent de vendanges saines, non avariées. Les vins provenant de moûts non débourbés contiennent une trop grande quantité de lies, les vins provenant de vendanges avariées contiennent trop de ferments, de matières putrides; il est bon dans ces deux cas de séparer le vin d'avec ses lies et de distiller ces dernières à part (voir p. 62).

21. Distillation des vins. — Principe. — Le vin à distiller peut être considéré comme un mélange d'eau qui bout à 100 degrés et d'alcool qui bout à 78 degrés à la pression atmosphérique. Le vin bout à une température se rapprochant d'autant plus de 100 degrés qu'il est moins riche en alcool : il bout de 91 à 94 degrés suivant sa richesse alcoolique.

On admet que tout l'alcool distille avec la première moitié du liquide.

En redistillant le liquide alcoolique obtenu, contenant tout l'alcool, de façon à ne recueillir que la moitié du mélange, on obtient un deuxième liquide plus riche en alcool que le premier; des redistillations successives permettent ainsi de produire des alcools à un titre de plus en plus élevé.

Le vin est un liquide très complexe qui renferme, outre l'eau et l'alcool ordinaire ou alcoolique éthylique, une foule de produits qui exercent une influence sur la qualité des eaux-de-vie :

Différents alcools { Alcool propylique.
— butylique.
— amylique, etc.
Plusieurs aldéhydes.

---

1. Pacottet, *loc. cit.*

Différents éthers[1] (éthers acétique, butyrique, etc.).
Des acides (tartrique, acétique, succinique, malique, etc., etc.).
Des huiles essentielles, etc., etc.

Parmi tous ces composés susceptibles de se retrouver dans l'eau-de-vie,

Les uns bouillent à une température inférieure à 78° (température d'ébullition de l'alcool ordinaire), on les appelle **produits de tête**, ils passent au début de la distillation. } *Aldéhydes. Éthers.*

Au *milieu de la distillation* il passe surtout de l'*alcool ordinaire* avec quelques-uns des produits de tête et de queue.

Les autres bouillent à une température supérieure à 78° : on les appelle : **produits de queue**, ils passent à la fin de la distillation. } Alcool propylique. — butylique. — amylique, etc. Acides tartrique, citrique, butyrique, etc. Furfurol. Glycérine (entraînée par la vapeur d'eau).

Les produits qui passent au début et à la fin de la distillation sont bien différents au point de vue de la qualité et de la quantité des produits qui distillent au milieu de l'opération et qu'on nomme produits de cœur.

Tout l'art du distillateur, désireux d'avoir des eaux-de-vie fines, consiste à éliminer des produits qui passent à la distillation ceux qui peuvent donner un goût désagréable et à conserver ceux qui constituent l'arome ou le *bouquet de l'eau-de-vie*.

Pour donner une idée de la pratique de la distillation, nous examinerons les manières de procéder dans deux pays producteurs d'eau-de-vie : 1° *dans la région des Charentes pour les eaux-de-vie fines;* 2° *dans la région du Midi pour les eaux-de-vie ordinaires.*

22. I. La distillation dans la Charente. — Le procédé de distillation en usage dans la Charente consiste à faire deux distillations successives, on lui donne le nom de *procédé des brouillis avec repasse ou bonne chauffe*. C'est le procédé le plus ancien, celui que l'on considère dans la Charente comme le meilleur pour obtenir des eaux-de-vie de qualité supérieure.

---

1. On nomme éthers des corps qui prennent naissance par l'action d'un acide sur un alcool. Étant donné le grand nombre d'alcools qui accompagnent l'alcool ordinaire ou éthylique dans le vin et sachant que tous les acides peuvent les transformer en éthers, il est facile de se faire une idée du grand nombre d'éthers existants et qui passent dans l'eau-de-vie.

On opère de la manière suivante :

Supposons que la chaudière de l'alambic ait une contenance de 5 hectolitres environ. Le vin brouillé avec sa lie est mis dans la chaudière, on chauffe *lentement* et très régulièrement. Les premiers produits qui distillent, c'est-à-dire qui s'écoulent du serpentin contenu dans le réfrigérant, ont une odeur assez caractéristique d'aldéhyde.

Le liquide obtenu ne tarde pas à marquer 70-75 degrés à l'alcoomètre. Peu à peu, à mesure que la distillation se poursuit, le degré alcoolique du liquide obtenu baisse. On arrête la distillation lorsque l'alcoomètre marque zéro, ce qui se produit lorsqu'on a distillé environ le 1/3 du vin mis dans la chaudière. Le produit distillé s'appelle *brouillis* : on a ainsi pour 5 hectolitres de vin 150 à 170 litres de *brouillis* marquant de 25 à 35 degrés à l'alcoomètre.

Ce brouillis est mis de côté. On recharge deux autres fois la chaudière pour obtenir à la distillation encore deux fois 150 à 170 de *brouillis*.

Les trois chauffes de vin ont donné ainsi au total environ 5 hectolitres de brouillis (marquant 25 à 35 degrés alcoométriques) que l'on soumet à une *deuxième distillation* ou *bonne chauffe* appelée encore *repasse*, que l'on peut considérer comme une *rectification*.

A cette deuxième distillation, on met d'abord de côté les premiers produits qui passent (*produits de tête*) contenant des *aldéhydes* et des éthers) et qui représentent, suivant la nature et la qualité des vins, environ 5 pour 100 de l'eau-de-vie. Ces *produits de tête sont mélangés aux brouillis suivants*.

L'eau-de-vie qui coule ensuite marque au début 80 à 85 degrés, puis le degré alcoolique baisse peu à peu au fur et à mesure de la distillation; on recueille toute l'eau-de-vie qui s'écoule jusqu'à ce que le degré alcoolique tombe à 50 degrés environ. L'eau-de-vie ainsi recueillie, au bout de 8 heures environ, marque en général 66 à 70 degrés à l'alcoomètre, elle représente les *produits de cœur*.

On continue la distillation jusqu'à ce que le liquide qui coule marque zéro degré, c'est-à-dire ne contienne plus d'alcool. Le liquide ainsi recueilli à part porte le nom de *seconde* et comprend les *produits de queue*. En général, les *secondes* sont mélangées aux vins que l'on distille ultérieurement. Parfois aussi on les soumet à une distillation spéciale ou rectification : la première partie passant de 50 à 20 degrés est mise avec les brouillis, la partie passant ensuite de 25 à 0 degré est mise avec du vin à distiller.

Précautions à prendre. — Le chauffage doit être *lent* et *régulier*. L'eau du réfrigérant ne doit pas être trop froide, afin d'éviter une condensation brusque des vapeurs alcooliques. « Il suffit que le tiers inférieur du réfrigérant soit froid, le milieu étant tiède et la partie supérieure étant chaude; de cette manière on ne laisse pas échapper d'alcool et la réfrigération est graduée. »

Doit-on chauffer à feu nu ou à la vapeur? — « Les vieux praticiens prétendent que le premier mode est bien préférable au second, parce que, disent-ils, le vin y subit une « cuisson » plus grande. Il semble, théoriquement, qu'il ne puisse y avoir de différence entre les deux modes de chauffage. Remarquons cependant que le furfurol, qui existe en quantité notable dans les eaux-de-vie de fine champagne, se produit surtout par la cuisson à feu nu. Pourquoi la cuisson bornerait-elle là son rôle et ne produirait-elle pas d'autres réactions chimiques susceptibles d'influencer l'arome des produits distillés? Nous ne pouvons l'affirmer et nous devons sagement nous borner à enregistrer les avis des distillateurs expérimentés[1]. »

23. Appareils employés. — En général, les appareils employés dans la Charente pour les eaux-de-vie fines sont très simples.

Nous pouvons citer :

1° **Le vieil alambic charentais** (*alambic ordinaire à tête de Maure* que nous avons décrit page 13, figure 7) encore employé chez les petits distillateurs qui ont la conviction que les appareils simples donnent les meilleurs résultats.

Ce vieil alambic de modèle primitif a été remplacé chez bon nombre de distillateurs par des **alambics chauffe-vin** dont nous avons indiqué le principe page 15, figure 8.

2° L'alambic chauffe-vin que l'on trouve encore et qu'indique la figure 21 fonctionne de la manière suivante : on remplit la chaudière 1 et le chauffe-vin 6 avec du vin, puis l'on chauffe. Les vapeurs alcooliques passent par le col de cygne 17, traversent le chauffe-vin 6, sortent par le tuyau 18, pour aller dans le réfrigérant 11 et sortir par le tube 12. Si le vin du chauffe-vin s'échauffe trop au contact des vapeurs alcooliques qui circulent dans le tube le traversant, les vapeurs alcooliques qui se dégagent se rendent par le tube 16 dans un deuxième serpentin et sortent par l'extrémité de celui-ci 19. Quand la distillation du vin est terminée, on vide la chaudière par le robinet de vidange 2; on ouvre ensuite le robinet 9 pour faire écouler dans la chaudière le vin du chauffe-vin. On remplit à nouveau celui-ci avec du vin froid et

---

1. ROCQUES, *Les Eaux-de-vie.*

l'opération recommence sans qu'il y ait eu d'interruption, comme cela a lieu avec l'alambic simple.

« On a reproché au chauffe-vin de prolonger trop longtemps le contact du vin chaud avec le métal, ce qui accentue le « goût de chaudière » de l'eau-de-

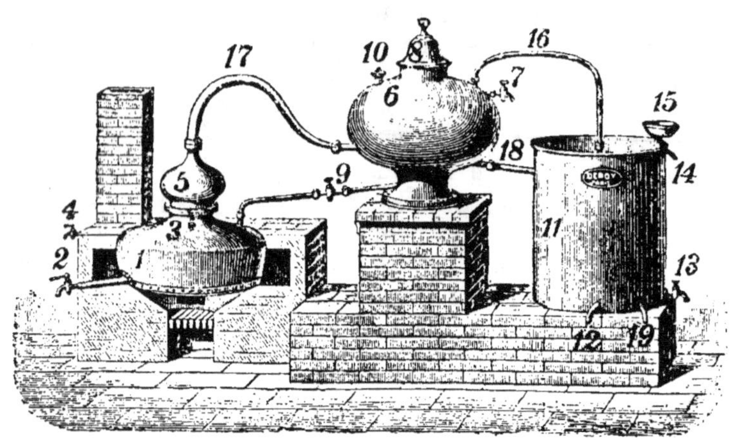

FIG. 21. — ALAMBIC CHARENTAIS A BROUILLIS MUNI D'UN CHAUFFE-VIN.

1, *chaudière*; 2, *robinet de vidange de la chaudière*; 5, *chapiteau*; 6, *chauffe-vin*; 16, *tube de dégagement des vapeurs alcooliques du chauffe-vin*; 17, *col de cygne*; 18, *sortie des vapeurs alcooliques venant de la chaudière*.

vie. Mais cette critique n'est pas exempte d'exagération, et on ne saurait négliger l'économie très notable de combustible, que procure le chauffe-vin[1]. »

2° **Les alambics à rectificateurs de Égrot et de Deroy** dont nous avons parlé déjà (voir p. 19 et 21, fig. 11 et 13). Ils permettent d'obtenir des eaux-de-vie du *premier jet*, c'est-à-dire de faire une seule opération (une seule distillation) sans *repasse*, grâce aux rectificateurs qu'ils possèdent. On a toujours le soin de séparer les *produits de tête* et les *produits de queue* contenant les impuretés d'avec les *cœurs* (eau-de-vie passant au milieu de la distillation.)

Les premières parties de l'eau-de-vie qui distillent marquent 80 à 82 degrés; on pousse la distillation jusqu'à ce que l'alcoomètre marque 40 et même 35 degrés; la moyenne donne donc de l'eau-de-vie à 60-70 degrés. Ce qui distille entre 40 et 12 degrés, constitue les petites eaux que l'on repasse dans l'opération suivante.

La quantité des petites eaux est insignifiante, le degré baissant très rapidement au dessous de 40 degrés.

Pour accélérer la fin de l'opération, on supprime l'eau au rectificateur qui,

---

1. Rocques, *loc. cit.*

alors, ne produit plus aucun effet. Les alcools de queue et une partie des huiles peuvent alors passer dans les petites eaux.

Ces petites eaux sont repassées dans l'opération suivante ou, mieux, font l'objet d'une opération spéciale lorsqu'elles sont en quantité suffisante.

Le serpentin se termine, en dehors de la bâche, par une éprouvette très simple, qui se monte à frottement sur le bec à corbin et présente une cloison verticale qui force l'alcool à descendre d'un côté pour remonter de l'autre, de telle façon que l'alcoomètre qui plonge dans l'éprouvette indique à chaque instant la richesse en alcool du produit qui distille.

Quand l'opération est terminée, la vidange de la vinasse s'effectue instantanément dans un baquet en faisant basculer la chaudière avec le levier H, fig. 37, p. 68 et fig. 34. La chaudière pivote et le vin épuisé s'écoule rapidement; la vidange étant terminée, la chaudière est remplie à nouveau de vin frais pour l'opération suivante.

Dans certains cas, la vidange peut aussi se faire sans basculer, au moyen d'un robinet placé à l'avant et au bas de la chaudière, mais le basculement est plus rapide.

Remarques sur la fermeture des chaudières. — Les chaudières des alambics se ferment de plusieurs manières. Nous ne citerons que deux systèmes :

1° *Le système Deroy à double joint hydraulique* (fig. 22). — Le rebord c du chapiteau 3, en plongeant dans l'eau de la gouttière A, forme le joint hydrau-

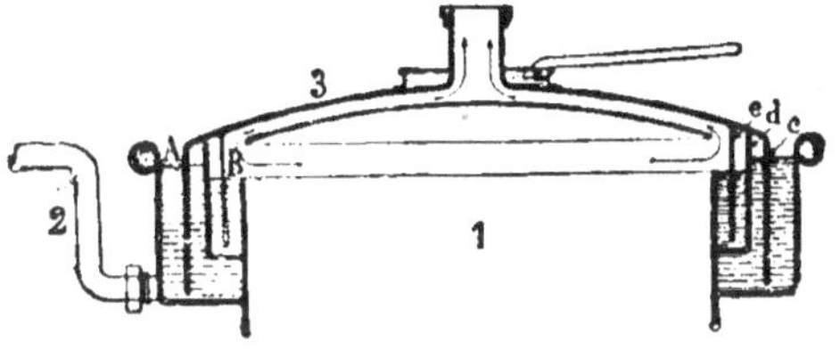

FIG. 22. — FERMETURE DE LA CHAUDIÈRE SYSTÈME DEROY.

1, *chaudière;* 2, *tube d'écoulement du trop-plein d'eau de la gouttière* A; B, *gouttière;* 3, *chapiteaux;* c, *rebord;* e, *bande circulaire.*

lique extérieur. Ce joint est entretenu par l'excédent d'eau employée pour la rectification et qui ne s'est pas trouvée vaporisée sur le dessus du chapiteau 3; elle arrive, par conséquent, dans la gouttière à une haute température; le trop-plein s'écoule par le coude mobile 2.

La bande circulaire e, rivée au chapiteau, plonge dans l'eau de la gouttière B pour former le joint hydraulique intérieur qui est alimenté par les condensations aqueuses, toujours très chaudes, résultant de l'analyse des vapeurs à leur passage dans le chapiteau. Ces condensations suivent la paroi interne du chapiteau et viennent tomber dans la gouttière B, dont le débordement a lieu dans la chaudière I.

2° Le *système Égrot à verrous* (fig. 23). — Le chapiteau ou couvercle de la chaudière est bordé d'un cercle rigide en fer, qui vient s'appliquer dans une gorge circulaire, au fond de laquelle se trouve une lanière de caoutchouc. Le rebord en fer venant porter sur le caoutchouc assure l'herméticité absolue du joint. Pour éviter que le caoutchouc ne colle par l'effet de la chaleur, il suffit, dans les premières opérations, de l'enduire de craie ou blanc d'Espagne.

La surface du caoutchouc devient parfaitement lisse, elle durcit, et comme ce sont toujours les mêmes parties du couvercle qui viennent au même point de la surface du caoutchouc, il en résulte une fermeture hermétique.

Le couvercle est serré dans son joint au moyen du verrou système Égrot.

Ce verrou se compose d'un disque en acier, fixé sur le bord de la chaudière, et tournant autour de son centre. Ce disque, muni d'une poignée de manœuvre, porte une rainure, dans laquelle s'engage un ergot fixé au couvercle.

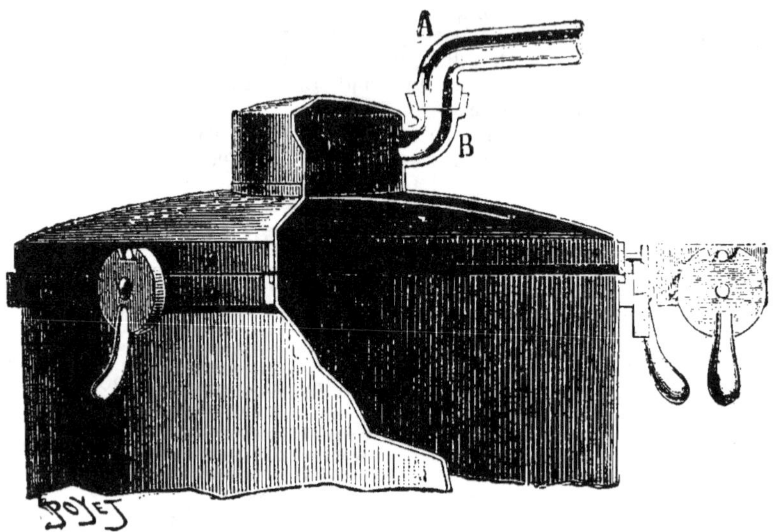

Fig. 23. — Nouveau joint a verrous système Égrot.

En tournant le verrou, on rapproche du cercle de la chaudière le rebord du couvercle qui vient fortement presser sur le caoutchouc. Au moyen de ce système de joint simple, il n'y a à redouter ni malpropreté ni perte d'alcool par le joint de la chaudière.

3° **Alambic Deroy à triple chauffe** (fig. 24). — Cet appareil produit sans repasse des eaux-de-vie variant à volonté de 50 à 75 degrés et du trois-six avec l'addition d'une lentille de rectification comme celle indiquée page 20, figure 12. Il permet de faire un grand nombre d'opérations successives sans interruption :

La chaudière est divisée en deux compartiments ayant chacun une contenance égale à celle du chauffe-vin.

Au début d'une distillation, on commence par charger la chaudière 1, jusqu'au niveau du robinet de jauge 22, on charge ensuite le chauffe-vin 15, puis on allume le feu.

Lorsque les vapeurs, après avoir passé par le tube 23, arrivent au col-de-cygne 6 et commencent à l'échauffer, on ouvre le robinet régulateur 10, plus ou moins, suivant le degré qu'on désire obtenir. Ce robinet a pour but de faire arriver sur le chapiteau rectificateur lenticulaire 3 un petit filet d'eau que l'on accroît ou diminue à volonté, et qui doit maintenir humectée, pendant toute la durée de l'opération, la toile qui recevra ledit chapiteau.

Quand, vers la fin de la distillation, le degré tombe un peu au-dessous de celui désiré, on fait arriver dans la chaudière 1 le liquide contenu dans le chauffe-vin 16 que l'on remplit à nouveau.

Les vapeurs de la chaudière 1, qui véhiculent les dernières traces d'alcool que contenait encore la vinasse, viennent alors en barbotage, par le tuyau

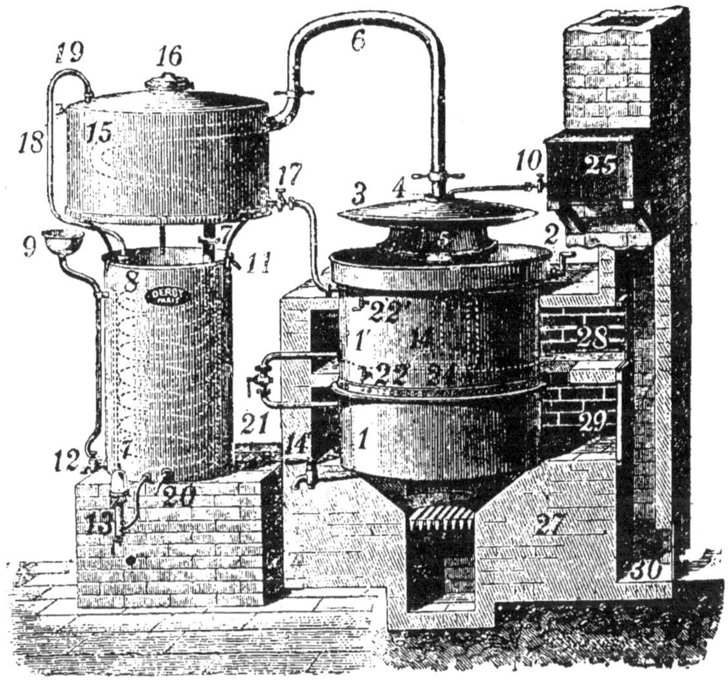

FIG. 24. — ALAMBIC DEROY A TRIPLE CHAUFFE.

1 et 1'. *chaudière inférieure et chaudière supérieure;* 3, *chapiteau lenticulaire;* 6, *col de cygne;* 7, *serpentin;* 8, *réfrigérant;* 10, *robinet régulateur du degré;* 15, *chauffe-vin.*

plongeur 23, dans le contenu déjà chaud de la chaudière 1 qu'elles portent rapidement à l'ébullition, et la distillation reprend bientôt son cours.

Lorsqu'à l'éprouvette 13 on constate à nouveau que le degré a baissé et est arrivé au-dessous de celui convenu, on vide par le robinet 14 la vinasse qui reste dans la chaudière 1, en ouvrant le robinet 21 que l'on ferme après; on ouvre alors le robinet 17 pour faire passer dans la chaudière supérieure le vin chaud du chauffe-vin qui est rechargé, et la distillation se remet en marche presque immédiatement.

Fonctionnement du chauffe-vin réfrigérant. — Quand l'eau manque, on emploie, pour la réfrigération du serpentin, le liquide à distiller que l'on envoie dans le réfrigérant 8 au moyen de la pompe 11 dont le tuyau de refoulement 27 est fixé à cet effet sur le robinet 12.

Lorsque le réfrigérant est rempli, le liquide s'introduit dans le chauffe-vin 15 par une ouverture intérieure placée en face du tampon 12 ; et quand le chauffe-vin est plein à la hauteur du robinet de jauge 18, on cesse de pomper.

La chaudière se charge à l'aide du robinet 17 ; quand cette dernière est pleine et le chauffe-vin vide, on referme le robinet et l'on remplit à nouveau le chauffe-vin en pompant comme précédemment ; le liquide froid, arrivant par le bas, refoule dans le chauffe-vin le liquide échauffé qui se tient à la partie supérieure du réfrigérant, de façon qu'à chaque charge le réfrigérant se trouve complètement refroidi.

On peut aussi se servir du réfrigérant avec de l'eau, pour cela on n'a qu'à retirer le bouchon à vis du trop-plein 11 et fermer au moyen d'un autre bouchon à vis l'orifice intérieur placé dans le chauffe-vin en face du tampon 12".

4° **Nouvel alambic charentais système Égrot** (fig. 25). — Nous avons vu qu'avec le vieil *alambic charentais à chauffe-vin* que

FIG. 25. — NOUVEL APPAREIL CHARENTAIS SYSTÈME ÉGROT.

A et B, *chaudières* ; B, *registre spécial pour distribuer le gaz de la combustion* ; F, G, *vannes conjuguées* ; U, *rectificateur* ; M, *chauffe-vin* ; R, *réfrigérant* ; E, *clapet de vidange* ; I, *robinet d'épreuve* ; P, *manomètre* ; L, *robinet d'arrivée d'eau au réfrigérant*.

nous avons décrit page 17, figure 9, bien supérieur à l'alambic ordinaire à tête de Maure, on fait avec le chauffe-vin une économie de combustible sensible. Néanmoins, lorsque le vin contenu dans la chaudière ne contient plus d'alcool, cette chaudière doit être vidée, puis remplie à nouveau avec le vin du chauffe-vin ; le chauffe-vin doit également être rempli à son tour.

Ces vidanges demandent un certain temps. De plus, pour ne pas surchauffer les parois non mouillées des chaudières pendant les instants où s'opèrent la vidange et les transvasements, on est obligé de mettre bas le feu. Le nouvel alambic charentais d'Egrot pare à ces inconvénients.

Les deux chaudières A et B sont placées à la même hauteur ; entre elles est placé le foyer, dont la chaleur ne rayonne directement sur aucune des chaudières, mais dont les gaz chauds, seuls, sont appelés à produire le chauffage. Un registre spécial H, organe principal du dispositif, permet d'envoyer les gaz de la combustion directement dans la cheminée en passant par l'ouverture ménagée par le registre ; au contraire, dans la position opposée du registre, les gaz chauffent d'abord B, puis A avant de s'engager dans la cheminée.

La manœuvre de ce registre qui ne consiste qu'en une rotation de quelques degrés se fait au dehors, au moyen d'une clé spéciale.

On conçoit que grâce à ce dispositif on réalise une économie de tout le temps demandé par la vidange de la chaudière ; sans avoir jamais à ralentir le feu : chacune des chaudières devient tour à tour chaudière d'épuisement, sans qu'il soit nécessaire de transvaser le contenu d'une chaudière dans l'autre : pendant la vidange de la chaudière épuisée, on dirige les gaz chauds autour de la chaudière qui contient du liquide, et de là dans la cheminée. De plus, la chaleur du chauffage est toujours douce et régulière, afin d'effectuer la distillation dans les mêmes conditions que les Charentais les plus expérimentés.

Mais, en même temps qu'on fait le changement de direction des gaz, il faut également changer la direction des vapeurs sortant des chaudières, ce qui s'obtient très simplement par la simple manœuvre d'un levier articulé reliant les deux vannes conjuguées F et G.

Dans la position indiquée par la figure, les vapeurs sortant de la chaudière A sont conduites par le tuyau col de cygne jusqu'à la vanne G. Comme on le voit par la position de cette vanne et de la vanne F placée au-dessous, les vapeurs sont dirigées vers le tuyau barboteur qui plonge dans la chaudière B : ces vapeurs traversent donc le liquide contenu dans la chaudière B en s'épurant, et les vapeurs produites par cette chaudière s'élèvent par le col de cygne jusqu'à la vanne G qui leur ouvre la direction du rectificateur C.

Ce rectificateur qui n'est autre chose que le rectificateur sphérique décrit (p. 18, fig. 10) les vapeurs, et ne laisse passer que les vapeurs d'eau-de-vie, en condensant et laissant retourner à la chaudière les petites eaux. Les vapeurs d'eau-de-vie qui ont échappé au rectificateur sont conduites dans le tuyau du chauffe-vin M puis au réfrigérant R.

Lorsque la chaudière A sera épuisée, elle sera vidée par le clapet de vidange rapide E, et aussitôt remplie par le vin déjà chaud sortant du chauffe-vin M par le robinet de vidange J. Pendant ce temps, le registre H aura été manœuvré de façon à diriger les gaz chauds sous la chaudière B ; les vannes G et F seront manœuvrées également d'un seul mouvement, au moyen de l'articulation qui les réunit. La chaudière B devient alors chaudière d'épuisement, et les vapeurs qu'elle produit vont barboter dans la chaudière A pour suivre une circulation inverse à celles qu'elles suivaient tout à l'heure. L'opération se continue ainsi sans arrêt.

Les robinets d'épreuve I permettent aux vapeurs des chaudières de se rendre à un petit serpentin spécial à la sortie duquel elles sont recueillies, condensées ; elles renseignent l'opérateur sur le bon épuisement du vin.

La régularité de l'opération est contrôlée facilement au moyen d'un petit manomètre P placé bien en vue de l'opérateur ; L est le robinet d'arrivée d'eau au réfrigérant ; l'eau de ce réfrigérant est conduite par un tuyau au rectificateur U, dans lequel elle produit le refroidissement ; cette eau est employée également chaude au lavage des deux chaudières.

Il est bon de remarquer que fréquemment le liquide à distiller peut même contenir une assez grande proportion de lies en suspension ; ces lies se déposent sur le fond des alambics pendant la période de chauffe qui précède l'ébullition. L'appareil Charentais, système Égrot, remédie à cet inconvénient : les parois latérales seules de la chaudière étant chauffées. La lie peut se déposer au fond sans inconvénient ; elle ne peut être brûlée.

On remarquera également que la forme donnée à l'alambic assure à l'ébullition une grande surface libre, et évite ainsi les entraînements d'impuretés qui résultent des ébullitions tumultueuses.

Les alambics continus dans la Charente.

— Il est à remarquer que les alambics à distillation continue ne sont pas employés dans la Charente. Ces appareils, en effet, permettent d'obtenir une eau-de-vie à un haut degré, mais pour ainsi dire rectifiée, ayant perdu le goût particulier qui les fait apprécier, elles se rapprochent trop des alcools industriels purifiés (*alcools neutres*).

Dans la région du Midi où l'on fabrique des eaux-de-vie très ordinaires avec des vins peu marchands, des vins altérés, des piquettes, etc., on a intérêt, ainsi que nous le verrons, à diminuer le prix de revient en employant les alambics continus. Dans la Charente, il n'en est pas ainsi, le prix de revient préoccupe moins que la qualité des produits, il n'est donc pas étonnant que les alambics continus y soient laissés de côté.

24. Discussion sur le genre d'alambic à employer dans les Charentes.

— On constate que dans la Charente, pour obtenir des eaux-de-vie fines, on emploie des alambics peu complexes ; il semble que plus l'appareil employé est complexe et moins l'eau-de-vie est appréciée.

Nous avons vu que le vin, le cépage, le sol, le climat, la culture même exercent une influence sur la qualité des eaux-de-vie obtenues. La distillation exerce également une influence marquée. Nous croyons, à ce sujet, devoir signaler l'opinion de M. Ordonneau (de Cognac).

« Les distillateurs de la grande et de la petite Champagne, dit-il, savent bien que l'alambic simple est le meilleur pour distiller leur vin, qui fournit d'ailleurs une eau-de-vie plus appréciée que toutes les autres ; aussi les perfectionnements créés par les constructeurs n'ont jamais obtenu de succès dans cette région. Ils ne s'occupaient point autrefois de l'économie possible, soit en chauffant rapidement, soit en utilisant un appareil perfectionné ; ils distillaient leurs vins dès que la mauvaise saison s'opposait au travail des champs, ils se tenaient nuit et jour à côté de leur alambic, distillant à petit feu sur des chenets et préférant pour cela le bois au charbon. Chacun était jaloux de faire mieux que son voisin, aussi ils produisaient des eaux-de-vie inimitables.

« Les nombreuses distilleries qui se sont créées depuis quelque temps dans les environs de Cognac utilisent presque toutes l'alambic ordinaire, car ni les alambics de 1ᵉʳ jet, ni ceux à plateaux, ni les semi-continus n'ont pu fournir jusqu'ici, avec un vin de qualité de la région de Cognac, une eau-de-vie égale en arome et en finesse à celle produite par cet appareil.

« Les alambics à barbotage multiple sont complètement écartés, et cela parce que l'eau-de-vie de Cognac contient des corps odorants dont le point d'ébullition dépasse 300 degrés et qui ne peuvent arriver au serpentin, car ils sont éliminés par le barbotage et retournent aux vinasses, en sorte que ces alambics, supprimant une partie de l'arome de queue, fournissent une eau-de-vie plus sèche et plus courte, c'est-à-dire dont le parfum est moins étendu; et cela est d'autant plus sensible que l'appareil fournit un titre plus élevé.

« Dans l'industrie de l'alcool ce fait est reconnu depuis longtemps. En effet il existe des appareils continus qui possèdent un grand nombre de plateaux et qui récupèrent à la base de leur colonne l'alcool souillé, les huiles lourdes que l'on peut séparer par le tube à reflux. Or, dans l'eau-de-vie les huiles lourdes représentent ou contiennent le bouquet dit de fruit, en sorte que si les huiles ne sont pas entraînées par le barbotage multiple des appareils, il faut essentiellement éviter le barbotage.

« Les appareils continus ont fait une courte apparition dans les Charentes et cela à titre d'essai; on a pu se rendre compte, en examinant les produits qu'ils fournissent avec les meilleurs vins du pays, qu'ils sont excellents pour en extraire rapidement et économiquement l'alcool, mais mauvais pour en retirer la partie aromatique, qui est la plus précieuse.

« En se servant de ces appareils, on obtient une eau-de-vie vineuse, pour ainsi dire rectifiée et sans sève, rappelant l'eau-de-vie du Gers, et une vinasse qu'il faut laisser couler au ruisseau. Bien plus, si on ajoute à cette vinasse une quantité d'alcool neutre égale à celle qui contenait le vin, on obtient à la distillation d'un tel mélange une eau-de-vie presque aussi aromatique que la première et on peut même répéter plusieurs fois cette opération avant d'épuiser totalement la vinasse des essences qu'elle contient. »

En résumé, voici ce que conclut M. Ordonneau, au sujet du choix des appareils :

a) Il est essentiel de distiller à l'alambic simple (tête de Maure ou petit col de cygne) les vins très aromatiques qui n'ont pas de mauvais goût ou de terroirs désagréables.

b) Les appareils de 1ᵉʳ jet, avec ou sans secondes, conviennent très bien pour les vins peu chargés en bouquet ou ayant peu de terroir.

c) Les alambics à plateau et à barbotage s'appliquent avantageusement aux vins à fort terroir ou aux vins malades; c'est-à-dire aux vins dont les eaux-de-vie doivent être énergiquement déflegmées.

d) La distillation au 1ᵉʳ jet est à recommander, lorsque la moins-value de l'eau-de-vie fabriquée est largement compensée par l'économie de combustible et de temps.

e) La distillation sur lies n'est pas pratique avec les appareils semi-continus du Gers et du Midi, et avec les appareils continus quels qu'ils soient. Ces appareils sont avantageux lorsqu'on veut économiser l'eau de réfrigération.

f) Au point de vue de la rapidité on doit choisir les appareils à 1ᵉʳ jet, sans seconde pour les vins sur lies et les appareils semi-continus pour les vins clairs.

25. II. La distillation dans le Midi (Eaux-de-vie de vins
ordinaires. — Trois-six de Montpellier). — Dans la région du
Midi, en Algérie, en Tunisie, pays à grande production de vins
ordinaires, on distille :

1° Des vins de qualité marchande mais que l'on vend difficilement à cause de la surproduction et de la mévente. On obtient
des eaux-de-vie nettes de goût pouvant servir dans les coupages avec des eaux-de-vie plus fines.

2° Des vins malades ou altérés ainsi que des produits secondaires de la vinification (piquettes, marcs, lies).

Tandis qu'en Charente on se préoccupe *surtout* de la qualité
des eaux-de-vie obtenues, laissant au second plan la question
du prix de revient, dans la région du Midi, au contraire, on se
préoccupe plutôt du prix de revient tout en cherchant cependant à fabriquer des eaux-de-vie aussi bonnes que possible.

« Il y a en effet, d'après M. Rocques, une différence de prix considérable entre les trois-six de Montpellier et les eaux-de-vie fines des Charentes.
Tandis que les premiers valent environ 100 à 150 francs l'hectolitre (à 85° d'alcool), les eaux-de-vie jeunes des Charentes valent environ de 200 à 300 francs
l'hectolitre (à 60° d'alcool). Le prix du degré d'alcool, qui est donc de 1 fr. 20
à 1 fr. 80 pour le trois-six de vin s'élève à 3 fr. 30 et 5 francs pour l'eau-de-vie
charentaise. Il y a donc une marge considérable qui explique les procédés
adoptés dans les deux régions. »

Dans la Charente, ainsi que nous l'avons vu, on pratique
beaucoup le procédé *des brouillis avec repasse en bonne chauffe*
consistant en deux distillations successives. Ce procédé permet
d'obtenir des eaux-de-vie fines, mais demande beaucoup plus
de temps et une dépense de combustible bien plus élevée. De
plus, s'il convient à la distillation des vins des Charentes, dès
qu'on l'applique à la distillation des vins de moindre qualité,
comme certains vins du Midi ou d'Algérie, on reconnaît qu'il
rectifie insuffisamment et laisse à l'eau-de-vie un goût d'origine désagréable.

Dans le Midi, pour abaisser le prix de revient, on emploie
surtout des alambics donnant des eaux-de-vie de premier jet,
évitant *la repasse* (voir p. 16) et plus spécialement des alambics à grand rendement.

Le degré marchand des trois-six du Midi est de 85°-86° et
les appareils employés dans cette région permettent d'obtenir
au premier jet un alcool à 85-90 degrés.

Les petits distillateurs, les bouilleurs de cru peuvent employer les alambics que nous avons déjà décrits page 13,
figure 7.

Ils peuvent également employer l'*alambic Deroy à colonne spéciale de rectification* (fig. 26.).

L'*alambic charentais* que nous avons décrit page 39, et qui

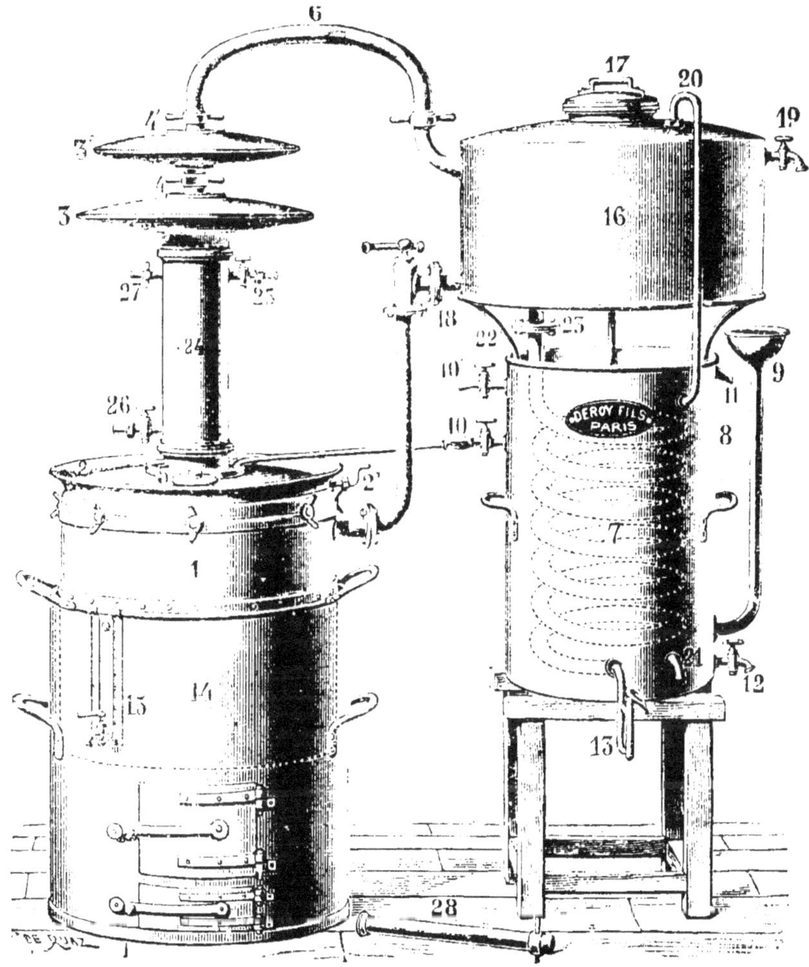

Fig. 26. — Alambic Deroy avec colonne spéciale de rectification.

1, *chaudière*; 3, 3', *lentilles de rectification*; 6, *col de cygne*; 7, *serpentin*; 8, *réfrigérant*; 9, *entonnoir d'amenée de l'eau dans le réfrigérant*; 10, *robinet de réglage du degré*; 11, *tube pour écouler le trop-plein du réfrigérant*; 12, *vidange du réfrigérant*; 13, *sortie de l'eau-de-vie du serpentin*; 14, *fourneau*; 16, *chauffe-vin*; 18, *tube amenant le vin du chauffe-vin à la chaudière*; 24, *colonne de rectification*.

est excellent pour distiller les vins des Charentes, pour la production des eaux-de-vie fines, ne convient plus à la distillation des vins de moindre qualité tels qu'on en trouve dans le Midi et en Algérie ; la rectification est insuffisante et laisse à l'eau-de-vie un goût désagréable.

L'alambic « Multiplex », système Égrot (fig. 27), muni d'un appareil rectificateur plus puissant, remédie à cet inconvénient.

FIG. 27. — ALAMBIC « MULTIPLEX » D'ÉGROT A FEU CONTINU, A SIMPLE CHAUDIÈRE ET A BASCULE.

A, *chaudière de l'alambic ;* B, *fourneau en tôle ;* C, *chapiteau-couvercle ;* F, *col de cygne ;* G, *robinet d'entrée dans le rectificateur ;* M, *chauffe-vin ;* P, *vidange du chauffe-vin dans la chaudière ;* R, *réfrigérant ;* S, *entrée du vin dans le chauffe-vin ;* T, U, *rectificateur ;* d, *boîte à vis soupape ;* l, *robinet de réglage du vin ;* n, *tube-niveau ;* p, *tampon ;* v, *vidange ;* x, *éprouvette de sortie de l'eau-de-vie ;* x', *éprouvette de sortie des mauvais goûts.*

Il peut à volonté produire des eaux-de-vie à 60 degrés ou des trois-six à 85-90 degrés. Il peut servir à rectifier des eaux-de-vie de mauvaise qualité. Son fonctionnement est le suivant :

Le Vin, élevé dans une cuve, généralement en bois, placée au-dessus de l'appareil, est amené dans le *Réfrigérant R*, puis dans le *rectificateur* d'où il ne sort qu'à la température de 70-80 degrés, indiquée par le thermomètre O. pour entrer dans le *chauffe-vin* M. Ce chauffe-vin est vide au commencement de chaque opération, et sa capacité est proportionnée à celle de la chaudière A.

Les vapeurs alcooliques produites dans la chaudière A sont épurées dans le rectificateur, qui est soit un rectificateur sphérique si on ne produit que des eaux-de-vie à 60-65 degrés, soit un rectificateur à colonne, comme dans la figure 26, si on produit des eaux-de-vie à plus fort degré, 80-90. Les vapeurs pénètrent ensuite dans les serpentins contenus dans le chauffe-vin M et dans le réfrigérant R, où elles se condensent pour sortir à l'éprouvette x.

Sous l'influence des vapeurs passant dans le serpentin, le vin qui arrive dans le chauffe-vin déjà très chaud ne tarde pas à émettre lui-même des vapeurs plus volatiles que l'eau-de-vie, qui sont condensées à part, et recueillies à l'éprouvette spéciale x'. Ces produits de mauvais goût sont donc évacués séparément et ne viennent pas souiller le serpentin chargé de recueillir la bonne eau-de-vie.

De cette façon, toute la chaleur laissée par la condensation des vapeurs alcooliques est complètement utilisée et le vin est introduit dans l'alambic à la température de l'ébullition après avoir, pendant son séjour dans le chauffe-vin, subi un commencement de distillation qui permet de recueillir à part les mauvais goûts de tête dont la quantité n'est pas négligeable lorsqu'on distille certains vins, certains cidres durs ou des piquettes provenant de marcs altérés. Lorsque la distillation est terminée et la chaudière A vidée, on la remplit de nouveau par le contenu du chauffe-vin M. L'appareil permet de distiller des marcs : dans ce cas, c'est de l'eau qui circule dans le réfrigérant et le chauffe-vin, eau qui, chaude, sert à diluer les matières à distiller.

26. Alambics continus. — Pour les grandes productions, lorsque le distillateur n'est pas tenu de livrer une eau-de-vie de qualité très supérieure et lorsque les vins à distiller sont altérés ou sont très ordinaires, les appareils précédents sont avantageusement remplacés par les *alambics continus, beaucoup plus économiques.*

Nous avons indiqué page 20 le principe de la distillation continue.

Comme alambics continus, nous pouvons citer :

L'alambic Besnard (fig. 28). — De petits modèles ont été construits pour les petits distillateurs, pour les bouilleurs de cru. Son fonctionnement est le suivant :

Le liquide à distiller arrivant d'un tonneau placé au niveau du tuyau D, pénètre par ce tuyau dans le régulateur N, s'introduit par le tube O dans le réfrigérant C chauffe-vin. En ce lieu le liquide à distiller, absorbant la chaleur de condensation des vapeurs alcooliques contenues dans le serpentin, s'échauffe. Ainsi, contrairement aux alambics ordinaires à distillation intermittente, la chaleur perdue par l'échauffement de l'eau dans le réfrigérant se trouve récupérée par le liquide à distiller ; de là une notable économie de combustible et la grande puissance de distillation de ces appareils peu volumineux.

Le liquide réchauffé, arrivant à la partie supérieure du réfrigérant, descend par le tube G dans le godet L. Il se répand en couches minces sur les plateaux de la colonne B. La grande surface de vaporisation ainsi produite facilite le dégagement I des vapeurs de natures différentes suivant les températures respectives de chacun des plateaux. Les vapeurs des alcools lourds ou de

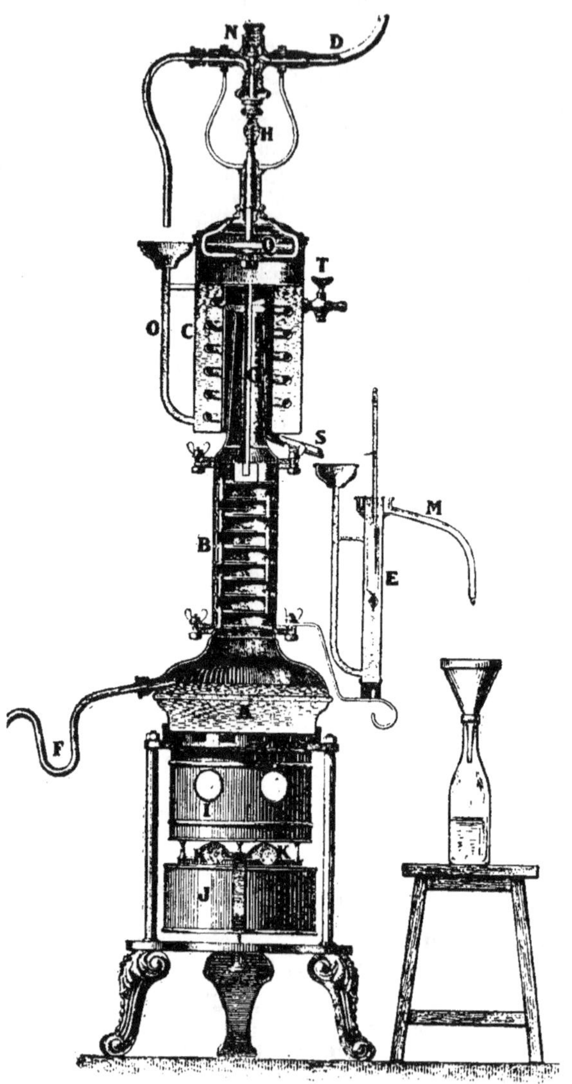

FIG. 28. — ALAMBIC BESNARD A DISTILLATION CONTINUE (*Coupe*).

A, *chaudière*; B, *colonne de distillation*; C, *réfrigérant chauffe-vin*; D, *tuyau d'arrivée du vin*; E, *éprouvette*; F, *siphon de sortie des vinasses*; G, *tube conduisant le vin dans la colonne*; H, *écrou de réglage du régulateur* I, *corps du fourneau*; J, *réservoir de pétrole*: K, *clés de réglage du feu*; M, *tuyau de sortie de l'eau-de-vie*; N, *régulateur de température*; O, *tuyau d'entrée du vin*; Q, *diaphragmes du régulateur*; S, *extrémité du serpentin*; T, *robinet d'écoulement de l'eau (distillation par charges)*.

mauvais goût se dégagent à la partie inférieure de la colonne, partie la plus chaude; elles sont condensées sur les plateaux supérieurs et rétrogradent dans la chaudière A. Celle-ci ne contient donc que le liquide complètement épuisé de son alcool bon goût et les huiles lourdes.

Il est à remarquer que les vapeurs du liquide contenu dans la chaudière, s'élevant dans la colonne, chauffent le liquide à distiller répandu sur les plateaux.

Cette remarque est importante, car elle montre bien que le liquide à distiller est chauffé « à la vapeur » et progressivement, puisqu'à mesure de sa descente dans la colonne, sa température augmente, facilitant ainsi le dégagement méthodique et complet des vapeurs d'alcool de bon goût.

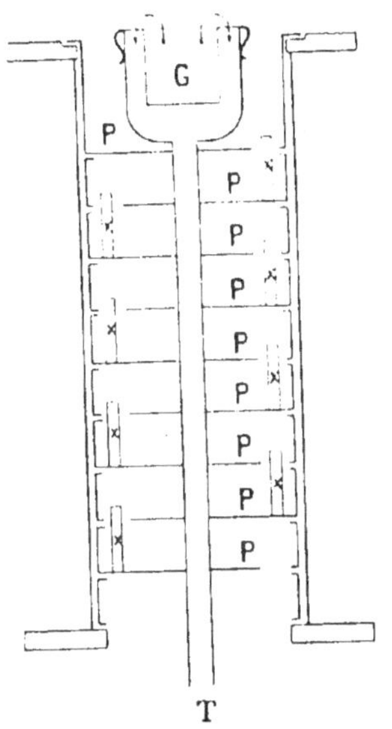

T

FIG. 29.

COUPE DE LA COLONNE
A RECTIFICATEUR
SYSTÈME BESNARD.

P, *plateaux*;
T, *tube d'amenée du vin.*

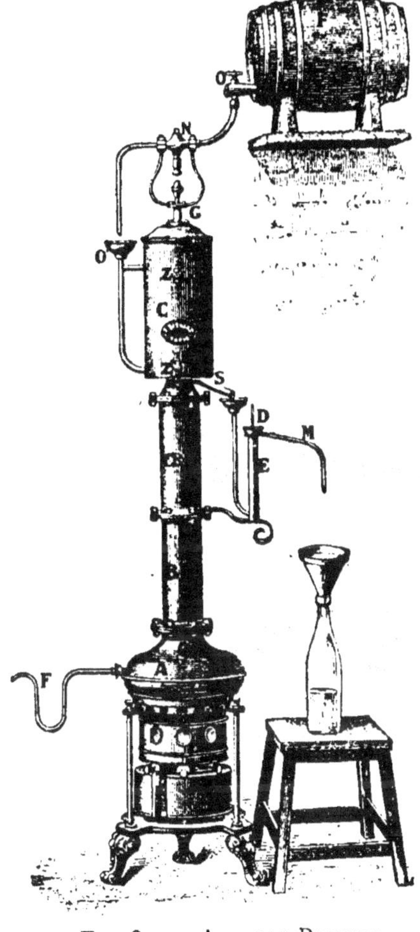

FIG. 3o. — ALAMBIC BESNARD
A DISTILLATION CONTINUE
MUNI DE LA COLONNE DE RECTIFICATION.

(*Même légende que dans la figure 28.*)

Le liquide épuisant existant dans la chaudière A s'échappe par le siphon F recourbé à l'effet d'éviter la sortie des vapeurs.

Les vapeurs alcooliques, après rectification, montent dans le cône P, s'introduisent dans le serpentin et s'y condensent. L'eau-de-vie sort par l'extrémité S du serpentin et vient remplir l'éprouvette E, dans laquelle plonge un alcoomètre indiquant le titre de l'eau-de-vie.

Celle-ci s'écoule par le tube M dans une bouteille ou tout autre récipient.

Dans la distillation continue à 85 degrés, la marche reste la même; on monte au préalable la *colonne de rectification* entre la colonne B et le réfrigérant G.

La *colonne de rectification* (coupe fig. 29) se compose essentiellement de plateaux P percés de trous disposés en chicane, de façon à forcer les vapeurs d'alcool à parcourir les surfaces inférieures et supérieures de ces plateaux.

Ces divers plateaux sont traversés par un tube T par lequel le vin venant du réfrigérant descend sur les plateaux de la colonne de distillation.

Le vin venant du réfrigérant descend dans le godet d'où, débordant, il passe dans le tube T dont il est parlé ci-dessus.

Les plateaux sont reliés entre eux par des goujons X destinés à les empêcher de tourner et à maintenir la communication en chicane.

Ces plateaux reçoivent les vapeurs d'alcool sortant de la colonne de distillation, les condensent en partie, de sorte que les vapeurs suivantes s'enrichissent au passage et se condensent dans le serpentin à un titre variant de 85 à 90 degrés.

La figure 30 représente un alambic Besnard avec sa *colonne de rectification* G, R.

Alambic à distillation continue système Egrot (fig. 31). — Cet

appareil se compose, comme les appareils précédents, de cinq parties distinctes : une *chaudière* pouvant être chauffée à feu nu, ou par un serpentin de vapeur, une *colonne distillatoire* surmontée d'un *petit rectificateur*, un *chauffe-vin*, un *réfrigérant* et une *éprouvette*.

La chaudière A (fig. 31) est représentée comme devant être chauffée par un serpentin de vapeur. La vapeur produite par l'ébullition du liquide arrive au bas de la colonne B qui présente une disposition toute spéciale ; elle est de très grand diamètre relativement à la chaudière, et ne porte que cinq plateaux déflegmateurs. Ces plateaux (fig. 32) consistent en une série de galeries concentriques cloisonnées dont le plafond est à des hauteurs décroissant depuis la circonférence, pour permettre l'écoulement du liquide de la circonférence au centre. Ce plafond est traversé par un grand nombre de petits bouilleurs fixés à écrous et recouverts chacun d'une capsule renversée K (fig. 32, 1). Le liquide arrivant en O d'un plateau supérieur parcourt les trois anneaux concentriques et arrive au centre du plateau, descend en *a* sur le plateau inférieur à sa circonférence et recommence à parcourir un chemin semblable. Arrivé au centre du plateau inférieur, le vin épuisé s'écoule par un tube au fond de la chaudière d'où il sort d'une façon continue par le siphon S'

Les vapeurs sortant de la colonne montent dans le chapiteau D où se trouvent de petits plateaux à une seule coupelle faisant rectificateur, puis passent dans le serpentin du chauffe-vin. Les premières spires du serpentin portent des tubes de retour munis de robinets et permettant de faire revenir le liquide condensé dans ces spires sur un des petits plateaux supérieurs de la colonne. Enfin, les vapeurs sont totalement condensées dans les dernières spires du serpentin, et le liquide sort dans l'éprouvette.

Le vin pénètre au bas du chauffe-vin, le traverse et se rend sur le plateau supérieur de la colonne.

Marche de la distillation. — Pour commencer la distillation, quand l'appareil est vide, le premier travail consiste à remplir le chauffe-vin et la chaudière ainsi qu'à charger les plateaux de la colonne de distillation. Ce remplissage se fait seul par l'ouverture du robinet de débit placé sur la cuvette régulatrice. Le vin, après avoir rempli le chauffe-vin, passe dans le plateau supérieur de la colonne de distillation, puis dans les trois autres placés au-dessous. Dès qu'il commence à couler par le robinet du plateau inférieur on ferme le robinet de débit de la cuvette régulatrice.

Pendant l'envoi du vin, on verse de l'eau dans la chaudière jusqu'à ce qu'il en sorte par la vidange du siphon, pour être sûr que la chaudière contient suffisamment d'eau.

On allume alors le feu quand le chauffage est à feu nu ; on ouvre le robinet d'introduction de vapeur quand l'appareil est chauffé à la vapeur.

Le liquide contenu dans la chaudière entre en ebullition, et les plateaux de distillation s'échauffent par la condensation des vapeurs venant de cette chaudière. Quand le vin des plateaux est en ebullition, la vapeur d'eau de la

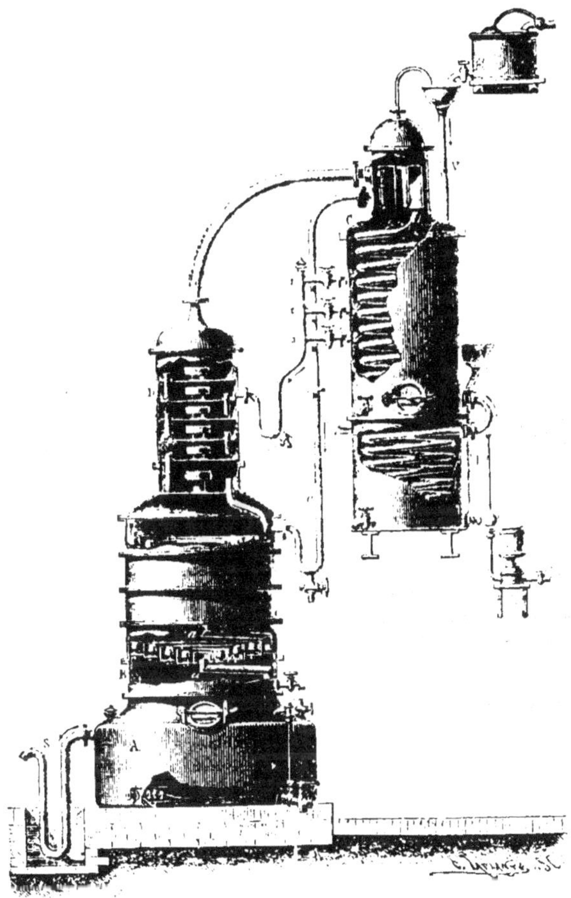

FIG. 31. — ALAMBIC A DISTILLATION CONTINUE, SYSTÈME ÉGROT.

A, *chaudière en cuivre; B. colonne de distillation : a, coupe d'un plateau de distillation ; C. chauffe-vin condenseur et réfrigérant en cuivre : c, tuyau amenant le vin du chauffe-vin dans la colonne à distiller : D, colonne de rectification ; S, siphon de vidange des vinasses ; V, tube d'entrée du vin dans l'appareil ; 1, 2, 3, robinets d'introduction permettant de faire varier le degré de l'alcool produit.*

chaudière, en traversant successivement les quatre plateaux, devient de plus en plus alcoolique, car elle se charge de l'alcool contenu dans le vin : elle passe alors dans la colonne de rectification. où elle s'enrichit et se purifie, puis passe par le col de cygne dans le serpentin qui plonge dans le chauffe-vin elle s'y condense et s'y refroidit pour sortir à l'état d'eau-de-vie. La partie supérieure de ce serpentin est disposée de façon à pouvoir effectuer la séparation des produits. Par l'ouverture d'un robinet placé sur les spires su-

périeures, on peut faire rétrograder à la colonne les liquides pauvres qui se condensent les premiers, pour ne laisser couler à l'éprouvette que l'eau-de-vie fine.

Il est évident que le réglage des robinets de rétrogradation ne se fait qu'une fois.

Dès qu'il a coulé un peu d'eau-de-vie à l'éprouvette, on ouvre peu à peu le robinet de débit du vin pour l'amener au débit normal indiqué par le cadran que porte ce robinet.

A partir de ce moment, il ne reste qu'à surveiller le feu qui doit être régulier, et, avec un chauffage à vapeur, il n'y a plus qu'à observer s'il ne se produit aucune variation.

Le vin épuisé s'écoule régulièrement par le siphon S.

Quand le soir on veut arrêter la distillation, il suffit de fermer le robinet de débit du vin, et de supprimer le chauffage; l'eau-de-vie cesse de

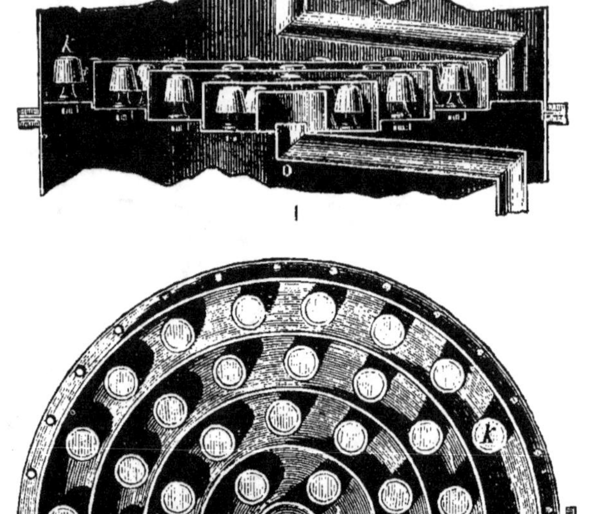

Fig. 32. — Plateau déflegmateur de l'alambic continu Égrot.

1, coupe d'un plateau; 2, plan d'un plateau.

a, *arrivée du vin*; a, b, c, d, *canaux en cascades traversés par le vin*; e, f, g, k, *bouilleurs permettant aux vapeurs s'élevant du plateau inférieur de monter au-dessus en barbotant dans le vin*; o, *tuyau de sortie du vin qui descend dans le plateau du dessous*.

couler. On peut profiter de cet arrêt du soir pour opérer le nettoyage de la chaudière, que l'on vide complètement par le robinet de vidange, et que l'on remplit d'eau fraîche immédiatement; cette précaution est excellente.

Le lendemain, il suffit d'allumer le feu, ou d'ouvrir le robinet de vapeur, et d'attendre pour ouvrir le robinet du vin que l'eau-de-vie ait apparu à l'éprouvette.

CHAPITRE IV

EAUX-DE-VIE DE VINS ALTÉRÉS ET MALADES

27. Distillation des vins altérés et malades. — Les vins qui renferment de l'acide acétique (vinaigre) ou qui ont le goût de moisi sont impropres à la consommation et au coupage, mais ils peuvent cependant posséder une certaine quantité d'alcool que l'on peut extraire par distillation, à la condition, toutefois, de séparer les acides en les neutralisant ou en distillant prudemment.

« Lorsqu'un vin est malade et que la proportion d'acide acétique produit dépasse deux grammes par litre, ce vin ne peut sans danger entrer dans un coupage. Débarrassé de ses ferments par la pasteurisation (c'est-à-dire par le chauffage à 60 degrés, ou sous pression) les produits volatils qu'il renferme ne sont pas supprimés et diminueront toujours la valeur marchande des mélanges dans lesquels on voudra le faire entrer. Son seul usage est de le distiller afin d'en extraire l'alcool et les sels acides (crème de tartre) qu'il renferme. Si le vin n'est pas trop riche en acide acétique, il suffira de le distiller lentement pour éviter le passage de cet acide. Si le vin est trop riche en acides volatils, il suffira d'employer un déflegmateur puissant. En général, les vins malades, s'ils sont distillés avec soin, peuvent donner des eaux-de-vie relativement agréables.

Il n'en est pas de même des vins qui ont été altérés par leur passage dans des fûts moisis ou provenant de vendanges atteintes de pourriture verte. Les produits cédés par ces champignons au vin passent en partie à la distillation et communiquent aux eaux-de-vie une odeur de moisi caractéristique qu'aucune rectification ne peut faire disparaître. Ces eaux-de-vie sont sans valeur et ne peuvent même entrer dans les mélanges[1]. »

La maison Deroy donne les conseils suivants :

---

1. Pacottet, Vinification. *Loc. cit.*

Les vins amers, poussés, filants, tournés, peuvent être distillés tels que. C'est par la séparation des mauvais goûts du commencement et de la fin de la distillation que l'on obtient la qualité.

Les vins, ayant un goût de bouchon, de fût, de moisi, sont quelquefois, avant distillation, traités à l'huile d'olives. La proportion ordinaire est de un demi-litre par hectolitre. Ce mélange est seulement brassé, et, après repos, l'huile qui surnage est décantée.

Les vins piqués se neutralisent, c'est-à-dire se désacidifient au moyen d'un alcalin quelconque : chaux, craie, baryte, soude, potasse, etc. C'est généralement la chaux, ou, ce qui lui est préférable, le tartrate neutre de potasse que l'on emploie. La quantité de neutralisant varie nécessairement suivant le degré d'acidité du vin. Quand on se sert de chaux, il faut préalablement l'éteindre, puis en faire un lait par une addition d'eau. Ce lait de chaux est versé dans le vin, avec lequel on le mélange fortement ; on laisse ensuite reposer, et, avant de distiller, on soutire le liquide pour le séparer du dépôt calcaire qui s'est précipité au fond.

La proportion de chaux vive varie de 50 à 100 grammes par hectolitre, d'après l'acidité à détruire.

Si l'on fait usage de tartrate neutre de potasse, la proportion varie de 50 à 500 grammes.

Le dosage de la chaux ou du tartrate neutre de potasse se fait sur un litre de vin acide, et, quand la dose en est bien déterminée, on la multiplie par le nombre de litres à traiter ; mais il est toujours préférable de laisser une pointe d'acidité que de saturer outre mesure.

L'acidité se constate pratiquement au moyen de papier de tournesol.

Dans une étude récente qui prend son importance de la loi du 29 février 1906, M. Mathieu, directeur de la station œnologique de Beaune, s'exprime ainsi :

« La loi du 28 février 1906 dispense désormais de la déclaration préalable les propriétaires récoltants distillant les marcs, vins, etc., provenant de leurs récoltes et les affranchit de l'exercice ; c'est le retour à ce que l'on appelle souvent le privilège des bouilleurs de cru. Les producteurs sont donc maintenant conduits à passer à l'alambic leurs vins avariés ; cependant, quelques-uns sont hésitants, ils craignent que les produits de la distillation n'héritent des tares de ces vins et par conséquent ne soient pas utilisables.

Il est, en effet, certains goûts anormaux qui persistent dans les eaux-de-vie ; ce sont ceux qui sont dus à des substances à la fois solubles dans l'eau-de-vie et distillables avec l'alcool, tels sont les goûts de goudron, de fumée, les goûts alliacés et sulfurisés développés par fermentation en présence de produits soufrés, les goûts de moisi communiqués par le bois des cuves, des fûts, les marcs de raisin sur lesquels se sont développées des moisissures vertes, les goûts de résine ou de térébenthine dus au contact des bois résineux, etc., etc. Cela ne veut pas dire qu'il est impossible de distiller ces vins ; on peut retirer, de certains, des eaux-de-vie excellentes à la condition d'enlever aux vins, avant la distillation, les substances volatiles, ou de les empêcher de distiller; il en est ainsi pour les vins à goût de piqué, de moisi. Par contre, tous les goûts dus à des substances non distillables restent dans la chaudière et donnent des eaux-de-vie correctes ; ce sont en général les goûts perceptibles seulement par le palais, c'est-à-dire simplement sapides : cependant, le goût de pourri dû au raisin, bien que se décelant, faiblement il est vrai, à l'odorat, donne des eaux-de-vie ne présentant pas de goût anormal.

« Nous examinerons successivement quelques cas particuliers des plus fréquents : *vins piqués*, à *goût de moisi*, de *pourri*.

28. Vins piqués. — La piqûre provient soit d'acescence à la cuve ou en fût, soit de tournes microbiennes et, quoique les acides volatils causant ces goûts soient différents, le même procédé permet d'en retirer une eau-de-vie normale; il suffit, pour cela, de neutraliser la majeure partie de ces acides avant la distillation, de manière à n'en laisser qu'environ un demi à trois quarts de gramme par litre de vin. On obtient ce résultat en ajoutant dans la chaudière de l'alambic des cristaux de soude dissous à l'avance dans un peu d'eau ; la dose à employer peut être déterminée par l'analyse chimique, mais on peut aussi opérer par tâtonnement de la manière suivante : On verse dans la chaudière les trois quarts environ du volume du vin pour une chauffe : on y ajoute ensuite peu à peu de la solution de cristaux de soude en mélangeant bien avec un bâton jusqu'à ce que le vin prenne une couleur brune pour les vins blancs ou verte pour les vins rouges. A ce moment, il y a un petit excès de cristaux : si on distillait le vin ainsi désacidifié complètement et même alcalin, l'eau-de-vie ne serait pas piquée, mais elle serait plate, par suite de l'absence d'acides volatils ; de plus, elle pourrait présenter un goût de cuivre et même d'ammoniac, ce dernier produit dû à l'action de l'alcali à chaud sur les composés azotés du vin attaque les parois en cuivre du serpentin et donne un goût de cuivre à l'eau-de-vie ; on remplit alors complètement la chaudière avec du vin non dépiqué qui ramène une acidité convenable, on voit la couleur du vin virer à nouveau au rouge. Pour les vins peu piqués, on n'aurait besoin que de compléter avec un sixième ou un dixième de vin non désacidifié.

Si on emploie de la chaux, au lieu d'employer des cristaux de soude, il faut attendre un certain temps après l'addition du lait de chaux, car la chaux ne se dissout pas instantanément et, par suite, le vin pourrait, même après addition de vin non dépiqué, être complètement désacidifié et présenter les inconvénients signalés plus haut.

En résumé, les vins piqués peuvent donner d'excellentes eaux-de-vie de premier jet, si on a soin de saturer convenablement leur acidité avant la chauffe. On peut d'ailleurs appliquer le même traitement aux eaux-de-vie à goût de piqué en les étendant d'eau et les distillant à nouveau.

29. Vins à goût de pourri. — On confond quelquefois les goûts de pourri apportés par le raisin et les goûts de moisi ; pour plus de clarté, nous appellerons, goûts de pourri, les goûts apportés par les raisins pourris ; ces goûts sont dus à la présence d'huiles peu ou pas volatiles en suspension dans le vin, lesquelles huiles, par le repos, sont entraînées dans les lies, la filtration les enlève également : nous désignerons sous le nom de goût de moisi ceux qui sont communiqués au vin par les parois des cuves ou des fûts atteints de moisissures : ceux-ci sont dus à des substances solubles dans les vins et dans l'alcool et se développent notablement par le contact de l'air, tandis que les goûts de pourri ne passent pas sensiblement dans l'eau-de-vie ; les goûts de moisi y sont beaucoup plus accentués que dans le vin ; il ne faut donc pas distiller les vins atteints du goût de moisi sans un traitement préalable ; il arrive quelquefois que les deux goûts sont simultanés quand la moisissure verte a atteint les rafles et qu'on n'a pas égrappé.

Si on hésite sur la nature du goût de moisi ou de pourri, il est très facile de lever l'indécision en exposant le vin à l'air, dans une tasse ou un verre : les goûts de moisi s'exagèrent en quelques minutes. On peut donc distiller sans crainte les vins à goût de pourri sans les clarifier et destiner leurs eaux-de-vie à tous les usages des eaux-de-vie de vin, par exemple au vinage pour l'exportation, le seul permis actuellement ; cependant, si la loi du 24 juillet 1894 interdit le vinage même par le récoltant et avec ses propres produits, il peut se faire qu'une nouvelle loi mieux en harmonie avec les besoins de la production vinicole vienne lever cette interdiction ; les eaux-de-vie de ces vins peuvent donc être mises en réserve pour le cas où cette éventualité se produirait. »

30. Vins à goût de moisi. — Les eaux-de-vie données directement par la distillation de ces vins ont un goût très net de moisi qui les rend impropres à tout usage, mais on peut employer les vins ayant le goût de moisi, même par la distillation, en prenant la précaution d'atténuer ce goût avant la distillation. Cette atténuation s'effectue par un traitement à la farine de moutarde, lequel est très efficace, en employant le mode opératoire que nous avons indiqué antérieurement (farine de moutarde préalablement éteinte dans l'eau bouillante, fouettages répétés et séparation rapide du vin). »

31. Vins à goûts sulfurés. — Il s'agit de goûts d'œufs pourris ou d'eau de Barèges dus à de l'acide sulfhydrique produit pendant la fermentation au contact de soufre ou de composés de soufre ; si on les distille, le gaz sulfhydrique s'échappe dès les premiers bouillons. Il faut avoir soin de séparer les produits distillés tant que l'odeur des produits sulfurés se fait sentir, car au contact de l'alcool ils peuvent former des éthers à odeur très forte et désagréable : il arrive aussi que ce gaz sulfhydrique noircit tout l'alambic et le serpentin. Mais on peut éviter ces inconvénients, en ajoutant dans la chaudière, avant de distiller une dissolution de sulfate de cuivre (100 à 200 grammes par hectolitre de vin), qui fixe les composés soufrés et les empêche de distiller, il est évident que la dose donnée plus haut est approximative et que là encore, à défaut de l'indication du laboratoire, on peut procéder par tâtonnement. »

32. Vins à goûts sulfureux. — On peut les distiller sans aucune précaution, l'acide sulfureux passant dans l'alcool et se transformant ensuite en substance non odorante.

Il faudrait tout un volume pour examiner les goûts anormaux : ces quelques notes montrent que, dans de nombreux cas, il est impossible de distiller des vins avariés ; d'ailleurs, il sera toujours facile de se faire une opinion pour un cas quelconque : ou le goût est simplement une saveur sans odeur (alors l'eau-de-vie sera sans goût) : ou le goût est simplement une saveur et une odeur, dans ce cas, l'eau-de-vie le présentera plus ou moins si on ne l'atténue ou n'empêche de distiller avec le vin. Un moyen simple de vérifier si le goût passera à la distillation consiste à éprouver si l'odeur anormale se développe dans l'eau-de-vie tiède en la comparant au froid. Il ne faudrait pas faire chauffer et bouillir le vin et le flairer, car l'odeur de l'alcool prédominant vient masquer la présence des autres substances. On peut encore faire une distillation avec un alambic d'essai et déguster l'eau-de-vie après avoir recueilli moitié du volume du vin, mais il faut alors se méfier des goûts apportés par le caoutchouc des joints ou les chaudières en cuivre. Il faut encore tenir compte de la destination de l'eau-de-vie, dans la discussion sur la valeur de la distillation pour un vin avarié. S'il s'agit d'eaux-de-vie très fines, il sera toujours imprudent de mélanger à la chaudière un vin suspect, mais s'il s'agit d'eau-de-vie destinée à faire l'antisepsie de la vaisselle vinaire, à faire des solutions de tanins, de pépins, à être ajoutée au vin (toujours dans l'hypothèse que le vinage sera autorisé), il est certain que de très légers goûts anormaux n'ont que peu d'importance, les eaux-de-vie ajoutées dans les vins ne devant l'être qu'à des doses telles que ces goûts seront insensibles. On peut même affirmer que si on les ajoute à la cuve avant que la fermentation tumultueuse ne soit terminée, tout risque disparaît, comme une longue expérience l'a montré, pour les eaux-de-vie de marc.

En résumé, lorsqu'un vin est malade, l'on peut presque toujours l'utiliser. La plupart du temps la distillation sera faite sur des vins qui *commencent* à être malades et alors l'alcool obtenu est de qualité presque égale à celle des alcools de vin ordinaires. Si la maladie est déjà bien prononcée, il est évident que les traitements à faire subir au vin feront varier la qualité de l'alcool, mais l'habileté du distillateur masquera dans une certaine mesure les goûts défectueux, et si l'alcool n'est pas de première qualité, il sera au moins passable. Au pis aller, l'alcool pourra toujours servir comme un alcool d'industrie, comme un alcool à brûler et par suite la distillation des vins avariés n'est pas à négliger. Cette dernière remarque s'applique surtout aux vins à goût de moisi, à goût sulfuré. Au contraire, pour les vins piqués (qui ne sont pas, bien entendu, à peu près complètement transformés en vinaigre) la distillation peut donner, après le traitement nécessaire pour enlever l'acide acétique, des eaux-de-vie bon goût.

CHAPITRE V

EAUX-DE-VIE DE LIES

33. Distillation des lies. — Les lies formant dépôt dans les foudres ou les fûts, après la fermentation, et dont le volume est approximativement 5 à 6 pour 100 de celui du vin, renferment d'après Rocques :

60 pour 100 de vin ;
20 — de bitartrate de potasse ;
5 — de tartrate de chaux ;
15 — de matières diverses (pépins, pellicules, etc.).

Les lies contiennent donc par leur 60 pour 100 de vin une quantité notable d'alcool que l'on peut obtenir par distillation.

Les lies sont plus ou moins épaisses, suivant leur provenance. En effet, si on les a abandonnées au dépôt, il surnage un liquide plus ou moins clair que l'on peut distiller. Mais après plusieurs décantations, il reste des lies épaisses, contenant cependant une assez forte proportion d'eau et d'alcool et surtout de crème de tartre.

Avant d'utiliser la crème de tartre, les lies sont distillées. Mais en présence du liquide bourbeux il faut certaines précautions spéciales. Voici comment on procède avec les alambics les plus ordinaires (l'alambic simple à tête de Maure, par exemple, fig. 7, page 13) :

Les lies étant très épaisses, on dilue la masse pâteuse avec deux ou trois fois son volume d'eau et on introduit le tout dans la chaudière de l'alambic ; on ne remplit cette dernière qu'aux deux tiers, car les lies en bouillant moussent assez facilement[1]. Comme les matières solides en suspension pourraient venir se coller au fond de la chaudière et s'y brûler, donnant ainsi à l'eau-de-vie un *goût de brûlé*, on a soin, jusqu'au moment de l'ébullition, de tenir la masse constamment en mouvement avec

---

1. Pour empêcher cette mousse on ajoute de petites quantités d'un corps gras, par exemple de l'huile ou du beurre.

une latte en bois. On a même quelquefois le soin d'étaler au fond de la chaudière un lit de paille ou un paillasson que l'on maintient avec des pierres.

C'est seulement au moment de l'ébullition qu'on ferme la chaudière avec le *chapiteau*. On chauffe ensuite *très douce-ment*. On surveille attentivement l'opération et l'on a soin de séparer ce qui passe en dernier lieu (*la queue*) et qui entraîne des huiles odorantes.

Cette méthode demande de la part de celui qui distille une surveillance continuelle et une attention soute-nue. De plus, elle a le désavantage de laisser perdre une notable quan-tité d'alcool qui se va-porise et s'échappe dans l'air avant que l'ébulli-tion ne soit commencée et que l'on ait placé le chapiteau. Pour remé-dier à ces inconvénients, on peut employer des agitateurs mécaniques ou des lexiviateurs (agi-tateurs automatiques), construits par certaines maisons et que l'on peut adapter à la plupart des alambics.

Fig. 33. — Agitateur mécanique appliqué a un alambic.

1, *chaudière*; 3, *chapiteau*; 6, *col de cygne*; 7, *serpentin*; 8, *réfrigérant*; 17, *agitateur*.

Agitateurs mécaniques (fig. 33). — Ils se composent générale-lement d'une manivelle fixée sur une tige horizontale, traver-sant un presse-étoupe, et communiquant le mouvement par deux engrenages d'angle à un arbre vertical portant deux palettes.

Agitateurs automatiques. — Ce sont des appareils que l'on introduit dans la chaudière et qui fonctionnent à la façon des lessiveuses.

L'agitateur de Deroy (fig. 34) se compose d'un faux-fond mobile 16 por-tant, au centre, un tuyau d'échappement 17, muni, à sa partie supérieure, d'une calotte 18, destinée à rabattre vers le fond le jet sortant dudit tuyau 17. La grille 19, reconnue inutile dans la pratique, a été supprimée.

Lorsqu'on veut distiller des lies avec cet appareil, il faut d'abord mettre au fond de l'alambic une certaine quantité d'eau ou de liquide clair que l'on porte à l'ébullition; lorsque ce liquide bout et s'échappe par le haut du tuyau 17, on introduit la lie et la distillation ne tarde pas à se mettre en marche.

La lie, passant par des trous ménagés sur le faux-fond 16 et par des dentelures faites sur les bords et figurées au dessin, s'introduit entre les deux fonds et en sort bientôt par le tuyau d'échappement 17. Ce mouvement rapide et continu écarte

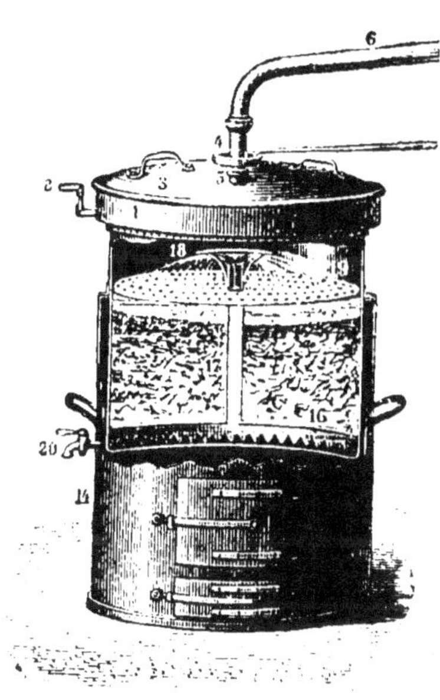

Fig. 34.
AGITATEUR AUTOMATIQUE CONTINU
APPLIQUÉ A UN ALAMBIC BRULEUR.

tout danger de brûler et provoque une évaporation régulière, donnant des produits excellents.

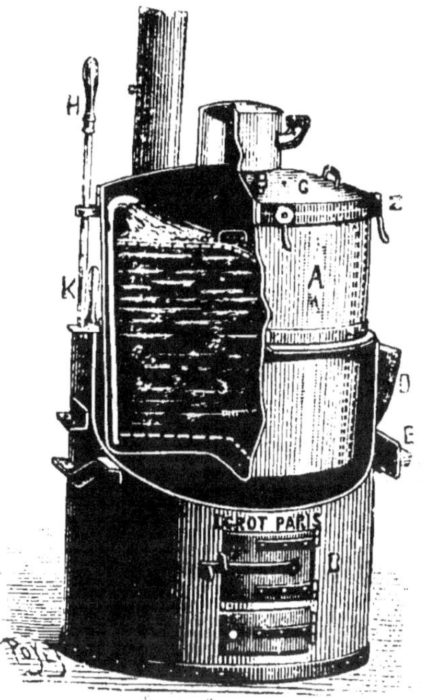

Fig. 35.
LIXIVIATEUR AUTOMATIQUE CONTINU
POUR ALAMBIC (BRULEUR EGROT).

A, *chaudière avec sa grille et son tube d'ascension;* C, *chapiteau couvercle;* H, *levier pour basculer la chaudière.*

Le lixiviateur d'Egrot (fig. 35) se compose de la grille de fond sur laquelle on place les matières à distiller, d'une grille supérieure dont on recouvre ces matières, et de tubes d'ascension dont le nombre varie selon la grandeur de l'appareil. Ces tubes, de forme aplatie, sont fixés le long de la paroi même de l'alambic, de manière à ne pas encombrer et à ne pas gêner le chargement et le déchargement de l'alambic.

Le liquide versé dans l'alambic en même temps que les matières solides à distiller, s'élevant par les tubes ascensionnels lorsqu'il approche de son point d'ébullition, se déverse continuellement sur la grille qui recouvre les matières. Ce mouvement de lixiviation est continu, et assure un épuisement bien complet de toute la masse : l'opération de la distillation marche plus rapidement, et l'épuisement des matières distillées, en alcool et en tartre, est très complet.

CHAPITRE VI

EAUX-DE-VIE DE MARCS DE RAISINS

34. Les différents marcs. — Dans la *fabrication du vin rouge*, le moût ou jus de raisin fermente au contact de la râfle et des pellicules; après pressurage, les *marcs de vin rouge* contiennent donc une certaine quantité de vin et par conséquent d'alcool.

Dans la *fabrication du vin blanc*, contrairement à ce qui se pratique pour le vin rouge, le moût ne fermente pas en présence de la râfle et des pellicules: les raisins, aussitôt après la vendange, sont foulés, pressurés et le moût fermente seul. *Les marcs de vin blanc* ne contiennent donc pas d'alcool, mais du jus de raisin et par conséquent du sucre que l'on peut transformer ultérieurement en alcool.

Nous allons voir comment on traite ces deux sortes de marcs avant la distillation :

35. Marcs de vins rouges. — *Composition*. — On estime que 100 kilogrammes de vendange rouge donnent au pressoir 76 litres de vins boueux, dont la densité est voisine de celle de l'eau et 18 kilogrammes environ de marc, contenant un poids de liquide un peu inférieur ou égal au sien, ce qui porte le poids de la matière sèche de ce marc à 10 ou 12 kilogrammes. La pression laisse donc dans ce marc un liquide vineux qui, par suite des échanges qui se sont produits pendant la fermentation entre l'eau des tissus de la grappe et le moût en travail, peut être considéré au décuvage comme un vin de pressurage, c'est-à-dire un vin dont la richesse alcoolique varie peu de celle du vin lui-même.

Le rendement des marcs en alcool est environ de 5 pour 100 en poids.

On a remarqué que les marcs rouges, distillés quelque temps après la sortie du pressoir, fournissent plus d'alcool que s'ils sont distillés à la sortie de la cuve. Cela tient, sans doute, non seulement à une transformation et à une fermentation lente du sucre restant, mais probablement aussi à celle des substances fermentescibles renfermées dans les râfles, car les pépins ne peuvent rien fournir, et la diffusion dans les pellicules est parfaite.

Conservation des marcs rouges. — Les marcs seront conservés après la vendange dans des conditions telles qu'ils ne subiront pas d'altération. En effet, le contact de l'air en brûlant l'alcool favoriserai. l₂ développement du ferment acétique et on aurait des marcs piqués. De plus, il pourrait se produire des moisissures. Pendant longtemps on s'est borné à les laisser sous le pressoir, mais le tassement exige

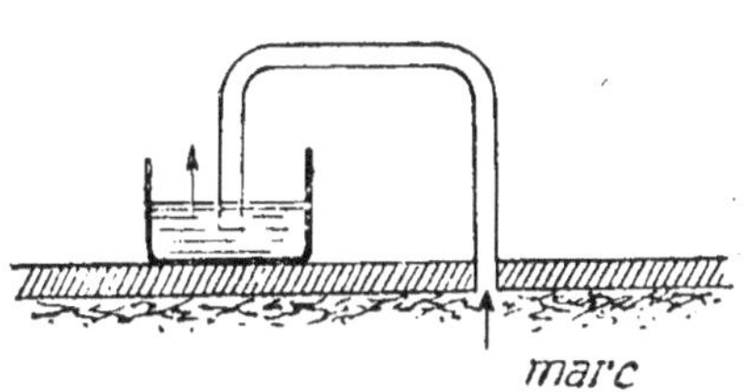

FIG. 36. — DISPOSITIF POUR LAISSER DÉGAGER LE GAZ CARBONIQUE.

une visite constante; il est préférable de les conserver de la manière suivante : on met les marcs soit dans des tonneaux, soit dans des cuves ou encore dans des fosses construites en maçonnerie ou simplement en terre glaise en les tassant fortement au fur et à mesure de l'emplissage; on recouvre ensuite le tout avec du plâtre ou simplement avec de la terre gâchée avec un peu d'eau, afin d'empêcher l'arrivée de l'air. Il faut avoir soin d'examiner

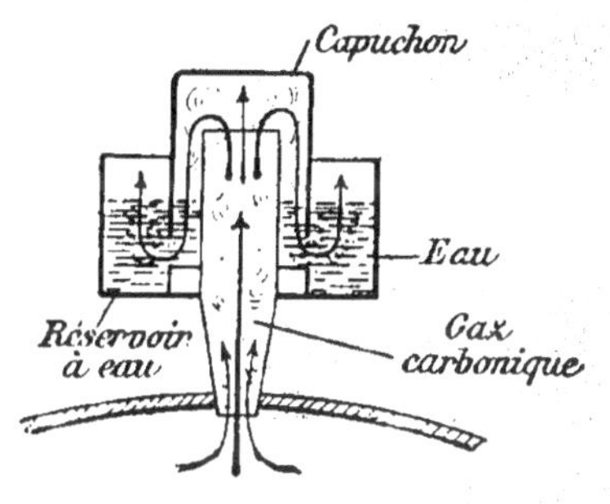

FIG. 37.
BONDE BOURGUIGNONNE.

de temps à autre s'il ne se produit pas dans cette espèce de mortier quelques crevasses que l'on bouche complètement.

Les cuves ou les fosses sont quelquefois recouvertes avec un plancher, dont les interstices sont soigneusement bouchés avec du plâtre ou de la terre glaise. Dans ce cas, et surtout lorsque les marcs sont encore un peu sucrés, quelques praticiens recommandent de laisser un dégagement au gaz carbonique provenant de la fermentation : pour cela, il suffit de ménager (fig. 36) au plancher une petite ouverture munie d'un bout de tuyau recourbé, dont l'extrémité plonge dans un récipient quelconque contenant un peu d'eau; le gaz se dégage ainsi librement et l'air ne peut rentrer dans la cuve. On peut encore employer une bonde bourguignonne (fig. 37).

36. Marcs blancs. — Les marcs blancs renferment du sucre, il faut, avant de les distiller, les soumettre à une fermentation qui transforme le sucre en alcool.

Composition. — On estime que 100 kilogrammes de marcs blancs donnent au maximum 75 à 80 kilogrammes de jus ; les 20 kilogrammes restant sont constitués par du marc renfermant son poids du moût.

Fermentation des marcs blancs. — Pour obtenir la fermentation du sucre que contiennent les marcs blancs, on peut procéder de plusieurs manières :

1° On émiette le marc avec soin, on le jette ensuite dans une cuve et on l'additionne d'eau (à la température de 25° à 30°) de façon à l'immerger complètement. La fermentation s'établit et transforme, dans l'espace de six à huit jours, tout le sucre en alcool. On presse et l'on obtient un liquide faiblement alcoolique que l'on distille. On peut aussi extraire tout le jus sucré par la méthode de diffusion (voir le principe de cette méthode, page 75) et faire fermenter le moût obtenu ;

2° On met dans des sacs, après les avoir émiettés, les marcs sortant des barriques où ils ont été conservés. Cette opération a pour but de ranimer la fermentation qui aurait été incomplète ; on constate, en effet, que la température des sacs de marcs ainsi préparés s'élève sensiblement ; elle peut atteindre 40°.

Il ne faut pas prolonger la durée de la fermentation outre mesure, car l'acidité pourrait se développer aux dépens de l'alcool. On reconnaît que la bonne fermentation est achevée quand la température des sacs cesse de s'élever. On peut ensuite procéder à la distillation.

I. — DISTILLATION DES MARCS DE RAISINS

37. Choix des méthodes de distillation des marcs. — *Les différentes eaux-de-vie obtenues.* — Pour obtenir de l'eau-de-vie avec des marcs de raisins on peut employer deux méthodes :

1° On peut distiller directement les *marcs en nature* : on obtient ainsi une eau-de-vie à odeur caractéristique très pénétrante, connue sous le nom d'*eau-de-vie de marc*;

2° On peut avec les marcs fabriquer de la piquette et distiller ensuite cette piquette : on obtient ainsi une *eau-de-vie comparable à celle du vin* et n'ayant aucun goût de marc comme dans la méthode précédente : étant très fine, elle a naturellement une valeur marchande plus grande que l'eau-de-vie de marc obtenu par la distillation des marcs en nature.

38. Distillation des marcs en nature. — La distillation des marcs en nature peut se faire : 1° *à feu nu*; 2° *au panier ou au bain-marie*; 3° *à la vapeur*.

I. *Distillation des marcs à feu nu*. — L'alambic pour la distillation du vin peut servir pour la distillation des marcs à feu nu, en ayant soin, toutefois, de placer une grille en cuivre perforé, une claie d'osier ou un lit de paille sur le fond de la chaudière, pour empêcher les matières solides d'être en contact avec ce fond et de se brûler.

Le marc est versé dans la chaudière avec environ un tiers de

Fig. 38. — Alambic bruleur, système Egrot avec panier.

son volume d'eau et la distillation s'opère comme pour le vin: il est préférable de verser tout d'abord la quantité totale d'eau et de jeter ensuite le marc finement émietté.

On a soin d'éliminer les produits de tête ou de queue, si l'on veut obtenir de l'eau-de-vie de bonne qualité.

Les eaux-de-vie provenant des marcs très hauts en saveur, et qui ne sont pas destinées à des coupages d'alcools d'industrie, doivent seules être repassées: les autres gagnent, le plus souvent, à être faites sans repasse.

Pour opérer par repasse, on procède de la même manière que pour les vins, c'est-à-dire en produisant, en première distillation, de la petite eau-de-vie à bas degré que l'on rectifie par une seconde distillation pour la porter au degré voulu.

II. ***Distillation des marcs au panier ou au bain-marie.*** — La grille en cuivre perforé ou la claie d'osier, ou encore le lit de paille dont nous venons de parler pour la distillation des marcs à feu nu avec alambic ordinaire, peuvent être avantageusement remplacés par un panier métallique placé dans la chaudière et contenant les marcs (fig. 40), ou par une deuxième chaudière plongeant dans l'eau de la première (fig. 39), la distillation se

FIG. 39. — BAIN-MARIE APPLICABLE A L'ALAMBIC DEROY.

1, *chaudière*; 14, *fourneau*; 18, *bain-marie s'élevant de la chaudière*; 7, *serpentin*; 8, *réfrigérant*.

fait alors au bain-marie. Lorsque la distillation est terminée, l'enlèvement des marcs se fait par bascule de la chaudière (fig. 38).

III. ***Distillation des marcs à la vapeur.*** — Les distillateurs possédant un générateur de vapeur peuvent employer des alambics se chauffant à la vapeur (fig. 39). La chaudière est montée sur tourillons et se vide par basculement. La vapeur arrive du générateur, entre dans la chaudière, traverse de bas en haut tout le marc et entraîne l'alcool dans le réfrigérant.

Dans les *grandes exploitations* on peut employer l'appareil plus important indiqué par la figure 41. Cet appareil est très employé par les distillateurs ambulants qui vont distiller les marcs chez les propriétaires ne possédant pas d'alambic :

Le marc à distiller est versé dans les trois vases A qui composent l'appareil, les couvercles sont fermés hermétiquement, et la vapeur produite par le générateur qui fait partie de l'appareil est introduite dans le fond d'un des

Fig. 40. — Alambic basculant se chauffant a la vapeur.

1, *Chaudière*; 2, *trop-plein du joint hydraulique*; 3, *chapiteau*, 4, *collerette*; 5, *bouchon à vis*; 6, *col de cygne*; 7, *serpentin*; 8, *réfrigérant*; 9, *entonnoir*; 10, *robinet régulateur du degré*; 11, *trop-plein*; 12, *robinet de vidange*; 13, *éprouvette, sortie du serpentin*; 14, *entrée de vapeur dans le serpentin de chauffe*; 15, *sortie des condensations*; 16, *manette de basculement*; 17,17, *pied-support des tourillons*.

vases. Elle le traverse de bas en haut, en s'emparant de l'alcool et des autres produits qui constitueront l'eau-de-vie. Ces vapeurs sortant du premier vase sont conduites de même au bas du deuxième, puis du troisième. Là, elles sont dirigées dans une colonne d'épuration B, puis dans le rectificateur sphérique C, où les petites eaux sont condensées; ces petites eaux s'écoulent dans l'épurateur où elles se dépouillent, et retombent de là dans le dernier vase.

Les vapeurs d'eau-de-vie continuant leur chemin vont se condenser et sont recueillies d'excellente qualité à l'éprouvette de sortie M.

Lorsque le degré baisse légèrement à l'éprouvette, le marc contenu dans le premier vase est épuisé; on change alors la direction de la vapeur, que l'on fait arriver directement dans le vase n° 2.

On décharge rapidement le vase épuisé en le basculant, et on le remplit également très vite, sans qu'on ait besoin de paniers ou de palans, le bord du vase étant seulement à 1 m. 30 environ du sol.

Le couvercle remis, la vapeur alcoolique sortant des deux vases en fonc-

FIG. 47. — INSTALLATION D'UNE DISTILLERIE DE MARCS TRAITÉS PAR MACÉRATION OU DIFFUSION.

A, A¹, A², A³, cuves ou macérateurs contenant le marc. — L'eau chaude du réservoir D déplace le marc des cuves. Le liquide alcoolique s'écoule dans une citerne et la pompe P l'envoie dans le réservoir F d'où il passe dans les appareils à distiller continus; c, bouilleur chauffé à feu nu pour le chauffage de l'eau destinée à la macération; E, cuve à eau froide; F, cuve à vin; P, pompe destinée à élever soit l'eau froide dans la cuve E, soit le vin ou la piquette puisés dans la citerne; a, a', a", a''', b, b', b", b''', robinets et tuyaux pour la circulation des liquides d'un macérateur sur l'autre; c, c', c", c''', robinets de vidange des macérateurs.

quantité. Les viticulteurs ou les distillateurs ont tout intérêt à l'extraire, *après distillation*, pour le vendre aux teinturiers et aux fabricants d'acide tartrique.

On l'extrait par un procédé très simple basé sur la différence de solubilité dans l'eau chaude et froide. Une partie de crème de tartre, qui exige 184 parties d'eau froide pour se dissoudre, est entièrement soluble dans 15 parties d'eau bouillante.

Après distillation, on laisse macérer les marcs immergés dans l'eau bouillante pendant quinze à vingt minutes, temps minimum nécessaire à la disso-

---

1. D'après la maison Egrot.

d'ensemble d'une distillerie à vapeur telle qu'on en rencontre dans le Midi pour produire de l'alcool à 85° — 90° ou 3/6 de marcs.

Les vases dans lesquels on met les marcs sont appelés *calandres*. On place côte à côte trois ou quatre de ces calandres que l'on remplit aux trois quarts environ de marc, et on envoie la vapeur sous une pression de 3 à 4 kilogrammes à la partie inférieure de la première calandre. Le marc s'échauffe peu à peu ; l'alcool qui distille est entraîné par la vapeur à la partie inférieure de la deuxième calandre remplie de marc. Le mélange d'alcool et de vapeur est dirigé de la dernière calandre à la partie inférieure de la colonne de rectification d'un appareil à distillation continue. On a eu le soin d'isoler la chaudière de la colonne.

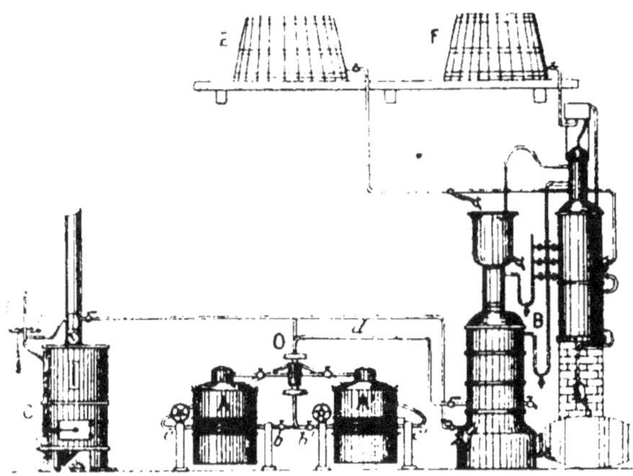

Fig. 42. — Vue d'ensemble d'une distillerie
à vapeur.

A A', vases basculants pour la distillation des marcs; B. appareil de distillation continue, système Egrot, chauffé à vapeur pour la distillation directe des vins et pour la rectification des vapeurs provenant de la distillation des marcs dans les vases A A'; b b'. robinets d'entrée de vapeur aux vases à marcs ; C, générateur de vapeur; c, tuyau permettant de chauffer le vase A avec la vapeur d'alcool sortant du vase A'; c', tuyau permettant de chauffer le vase A' avec la vapeur d'alcool sortant du vase A ; d, tuyau conduisant les vapeurs d'alcool sortant des vases A ou A' à l'appareil continu B où elles sont rectifiées ; E, réservoir d'eau ; F. réservoir du vin ; O, robinet à plusieurs voies pour la direction des vapeurs.

Les vapeurs se concentrent dans la colonne et le déflegmateur, et on recueille le trois-six à l'extrémité de l'appareil.

Remarques sur les eaux-de-vie de marcs de Bourgogne. — On fabrique en Bourgogne des eaux-de-vie de marcs très estimées et très appréciées des amateurs bourguignons.

D'après M. Rocques, la distillation se fait directement, mais au lieu de faire passer les vapeurs alcooliques par des rectificateurs qui les déflegment en partie et élèvent jusqu'à 86 degrés le titre alcoolique, ou rectifie à peine de manière à obtenir de l'eau-de-vie à 5o degrés seulement. Il en résulte que l'alcool obtenu est beaucoup plus odorant, plus chargé en principe gras provenant des marcs, et en particulier des pépins du raisin, que le trois-six de marc du Midi.

La différence entre les deux eaux-de-vie obtenues avec l'un et l'autre procédé et en mettant en œuvre le même marc, est considérable.

« L'eau-de-vie de marc à 5o degrés, genre Bourgogne, se trouble quand on l'étend d'eau ; les substances huileuses se séparent alors et l'odeur intense du liquide se perçoit facilement. Au contraire le trois-six de marc à 86 degrés, genre Midi, se trouble peu, et quand on l'additionne d'eau, ne sent pas aussi fortement. »

II. — DISTILLATION DES PIQUETTES OBTENUES AVEC LES MARCS

39. Comment on obtient les piquettes. — Nous avons dit plus haut (p. 67) qu'au lieu de distiller directement les marcs en nature, on pouvait préparer de la piquette avec ces marcs, puis distiller cette piquette pour obtenir des eaux-de-vie comparables à celle du vin.

Nous allons examiner de quelle manière on peut obtenir cette piquette :

1° *Par macération*, c'est-à-dire en mettant le marc et l'eau en contact pendant plusieurs jours. On soutire de temps en temps et on ajoute de l'eau par la partie supérieure, jusqu'au moment où il ne s'écoule plus de liquide alcoolique. Cette macération dure cinq ou six jours.

2° *Par arrosage des marcs.* — Dans ce cas, on procède à des arrosages fréquents (tous les quarts d'heure) avec un arrosoir muni d'une pomme. En général, on a plusieurs piquettes de degré différent que l'on mélange entre elles. Vers la fin de l'opération la piquette est d'un degré trop bas, et on l'utilise pour l'épuisement d'un marc neuf. Les arrosages fréquents sont d'une exécution pénible et on a proposé des arroseurs automatiques.

L'arrosoir avec sa pomme que l'on emploie pour l'arrosage des marcs peut être avantageusement remplacé par des *tourniquets hydrauliques (arrosoir automatique de Pépin, tourniquet hydraulique Bourdil)* ou un *autoverseur (l'autoverseur Besnard)*.

L'arrosoir automatique de Pépin se compose d'un tube vertical creux sur lequel tourne une boule munie de quatre tubes bouchés aux extrémités par des bou. hons en cuivre. Chaque bouchon porte un petit orifice ; en le vissant ou en le dévissant légèrement, le jet de liquide qui sort des orifices est dirigé à une distance différente. On place l'appareil (fig. 43) sur le marc, au centre de la cuve, et on le fait communiquer au moyen d'un caoutchouc avec

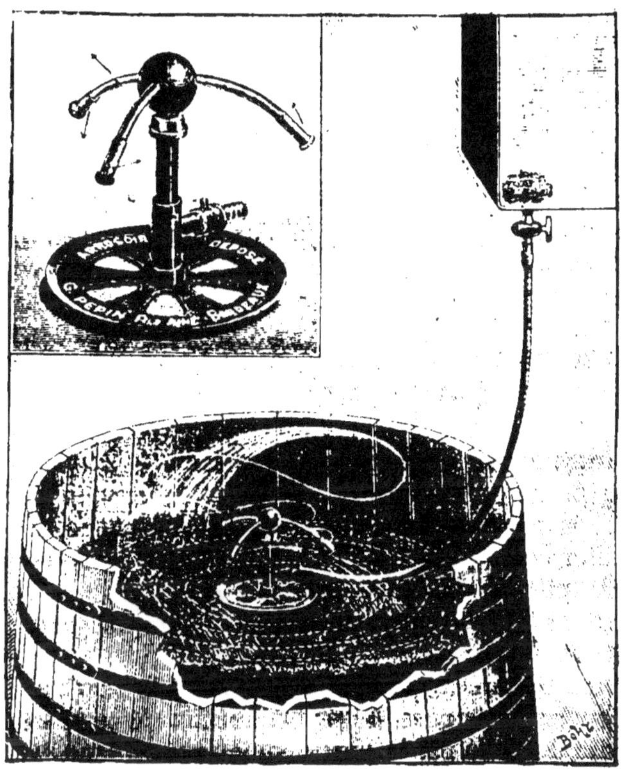

FIG. 43. — ARROSOIR AUTOMATIQUE PÉPIN POUR L'ARROSAGE DES MARCS.
L'eau s'échappe dans le sens des flèches.

un récipient (un tonneau par exemple) élevé de 2 à 3 mètes au-dessus de la cuve et muni d'un robinet qui règle le débit.

On ouvre le robinet brusquement pour chasser l'air contenu dans la conduite et on le referme ensuite doucement jusqu'à ce que l'appareil tourne à sa vitesse normale.

Le tourniquet hydraulique Bourdil (fig. 44) est un simple tube horizontal percé de petits trous disposés dans les deux moitiés B et C en sens inverse. L'eau arrive par un tube vertical d'un tonneau ou d'un récipient quelconque situé au-dessus. Le tube BC tourne horizontalement sous le tube vertical servant d'axe.

L'autoverseur Besnard (fig. 45) se compose d'un auget verseur A, suspendu sur un axe *b*, autour duquel il bascule lorsqu'il est rempli. L'eau versée par l'auget remplit le réservoir B et s'écoule en gerbe par la pomme de dispersion D pour les cuves rondes, ou par le tube pour les cuves rectangulaires, sur toute la surface du marc.

3° *Par diffusion.* — Ce procédé appliqué par M. Roos, directeur de la station œnologique de Montpellier, à la vinification est très avantageux. Il consiste à laver méthodiquement par des liquides de plus en plus riches le marc à épuiser. On peut utiliser des tonneaux, mis en communication entre eux. Examinons la marche de l'opération (fig. 46).

Marche de l'opération. — On introduit de l'eau dans le tonneau 1 par l'intermédiaire du tube plongeur BC; elle s'imprègne d'alcool et des autres éléments du vin; après un séjour de quelques heures on fait arriver une nouvelle quantité d'eau qui force la première à monter à la surface du tonneau, grâce à sa faible densité, et on la fait passer dans le deuxième tonneau. On recommence l'opération autant de fois qu'il est nécessaire pour que l'eau passe successivement sur le marc de tous les tonneaux. Arrivé au dernier tonneau, si le liquide est assez riche, on le recueille.

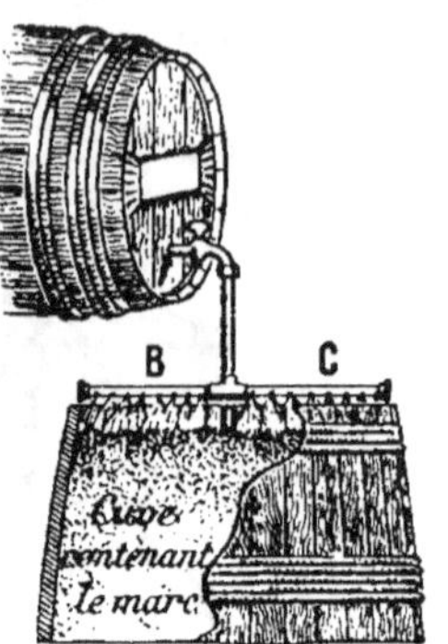

Fig. 44.
TOURNIQUET HYDRAULIQUE
BOURDIL.

Le marc du premier ton-

AUTOVERSEUR.   AUTOVERSEUR DISPOSÉ SUR UNE CUVE.

FIG. 45. — AUTOVERSEUR BESNARD.

neau, lavé autant de fois qu'il y a de tonneaux en communication, est épuisé; on l'enlève et on le remplace par du marc frais. L'eau est alors ajoutée dans le deuxième tonneau qui devient *tonneau de tête* et on la fait passer par des additions successives dans tous les autres tonneaux jusqu'au tonneau 1 plein de marc frais, qui est devenu *tonneau de queue.*

Chaque tonneau est tour à tour tonneau de tête et devient tonneau de queue lorsque, déchargé de son marc épuisé, il est chargé à nouveau de marc frais.

Résultats. — En procédant comme il a été indiqué, il se produit à la fois un lavage, une macération et la diffusion.

Il est plus rationnel de diffuser des marcs fermentés que des marcs frais : en effet, la fermentation des marcs transforme

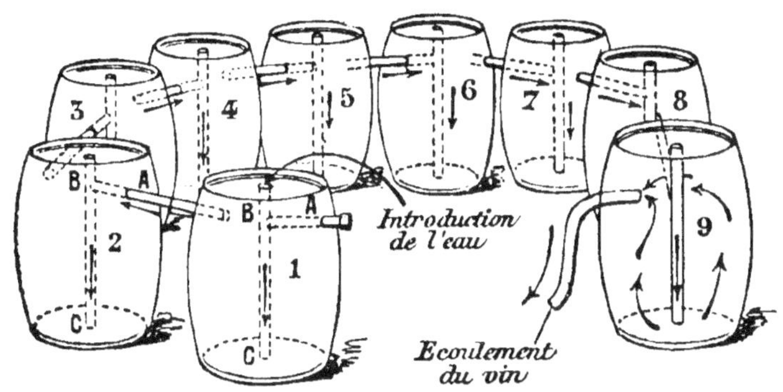

Fig. 46. — Batterie de diffusion (*d'après Roos*).

tout le sucre en alcool. Or, l'alcool passe mieux et plus vite à travers les parois des cellules.

D'après M. Roos, dans le Midi, 1000 kilogrammes de marc égoutté renferment 440 kilogrammes de vin de presse, 560 kilogrammes de marc pressé. Le marc pressé contient lui-même 280 litres de vin; les 1000 kilogrammes de marc égoutté contiennent donc en totalité 720 litres de vin.

Par la diffusion, les marcs simplement égouttés ont fourni 65 pour 100 de leur poids en vin, tandis que le premier n'en a extrait que 44 pour 100. Si on applique la diffusion aux marcs laissés dans le pressoir, ceux-ci donnent encore 45 pour 100 de leur poids en vin, soit 90 pour 100 de ce que le pressurage leur avait laissé.

Le débit de l'eau a une très grande importance. Trop rapide, l'épuisement est insuffisant. Trop réduit, le travail est si len, que les vins risquent de s'altérer. On règle ce débit par tâtonnement. Mais il doit être compris entre 180 litres ou 250 litrest suivant l'importance de la batterie.

Le liquide ainsi obtenu sera distillé suivant les méthodes générales.

La fig. 47 montre une installation complète d'une distillerie de marcs traités par macération ou diffusion.

40. Distillation des piquettes. — Les piquettes se distillent comme les vins et avec les mêmes appareils.

EXTRACTION DES CRISTAUX DE TARTRE CONTENUS DANS LES MARCS[1]

41. Le tartre contenu dans les marcs. — Le raisin contient une quantité très appréciable de *crème de tartre* (tartrate acide de potassium): aussi les marcs de raisins contiennent-ils du tartre en plus ou moins grande

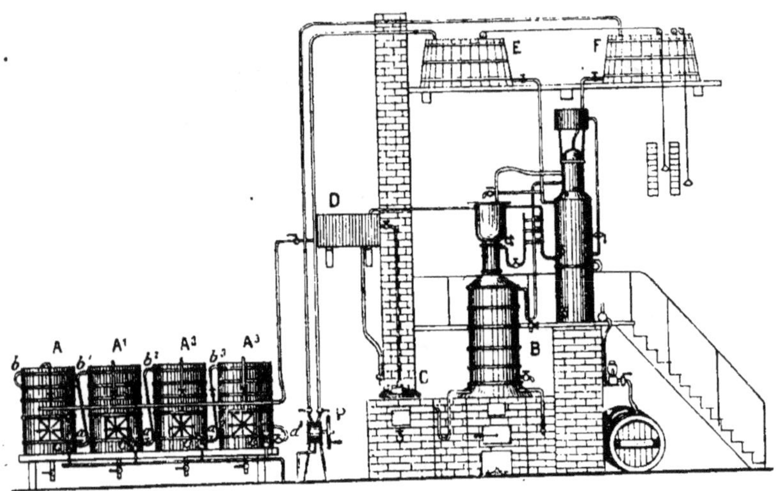

FIG. 41. — APPAREIL A VASES BASCULANTS POUR LA DISTILLATION DES MARCS A LA VAPEUR.

A A' A", *vase en cuivre recevant les marcs à distiller : B, colonne de rectification : C, rectificateur sphérique, système Egrot: D, générateur de vapeur : K, réservoir à eau froide : L, réservoir destiné à recueillir l'eau chaude sortant du réfrigérant de l'appareil : M, éprouvette de sortie de l'eau-de-vie ; O, robinet à plusieurs voies pour la direction des vapeurs ; R, réfrigérant ; b, b'. entrée de vapeur dans les vases ; c, arrivée des vapeurs d'alcool provenant des autres vases ; h, robinet de réglage de l'eau sur le rectificateur sphérique ; m, tuyau de sortie de l'eau de-vie ; v, robinets de vapeur.*

tion est amenée au fond du dernier chargé, et ainsi de suite alternativement pour chaque vase.

Une petite pompe à vapeur É, fait, sur demande, partie de l'appareil. Elle sert à alimenter le générateur D et à élever l'eau froide dans un petit bac spécial placé au-dessus des vases ; on a donc constamment une provision d'eau chaude qu'on emploie à l'alimentation de la chaudière et qu'on peut commodément verser dans les vases, opération nécessaire lorsque l'on pratique l'extraction du tartre, comme on le verra plus loin.

Pour les petites exploitations, le nombre des vases peut être réduit à deux et quelquefois à un, mais on perd alors l'avantage de la continuité du travail.

Distillerie à vapeur. — La figure 42 indique la disposition lution de la crème de tartre. Cette eau soutirée est abandonnée au refroidissement dans des bacs où se trouvent des ficelles tendues verticalement, ou des brindilles, de façon à présenter une grande surface répartie dans la masse. Le tartre peu soluble dans l'eau froide, est mis en liberté au fur et à mesure du refroidissement et vient se déposer sur les ficelles, les brindilles et les parois du tonneau. L'eau froide, appelée eau mère, contient encore un peu de tartre qui ne se dépose pas ; pour ne pas le perdre, on utilise cette eau mère à la distillation des marcs frais et on l'emploie à la place d'eau pure.

Après plusieurs opérations, on retire les petits cristaux de tartre et on les fait sécher à l'air libre ou à une douce chaleur.

Ainsi obtenu, ce tartre est coloré et se vend généralement tel quel aux teinturiers et aux fabricants d'acide tartrique.

42. Blanchiment des cristaux de tartre. — Quand la quantité de tartre produit devient importante, on a intérêt à le vendre blanc. Pour cela on le fait dissoudre dans une chaudière en cuivre avec quinze ou dix-huit fois son poids d'eau bouillante ; puis, après une ébullition prolongée, quand le tartre est complètement dissous, on ajoute 3 pour 100 du poids du tartre, d'argile pure absolument exempte de chaux. On verse le tout dans une cuve et on laisse refroidir. Après le refroidissement complet, on soutire l'eau mère, on détache les cristaux adhérents aux parois de la cuve, et on les lave à l'eau froide pour enlever la matière colorante et le dépôt d'argile qui les couvre.

La crème de tartre ainsi traitée est incolore ; si l'on veut pousser plus loin son raffinage, on reprend le tartre que l'on dissout à nouveau dans quinze à dix-huit fois son poids d'eau bouillante, et l'on ajoute 1 pour 100 de noir animal en poudre ; on maintient l'ébullition pendant deux heures, on filtre le liquide et on le laisse refroidir dans une cuve de cristallisation. Les cristaux obtenus après refroidissement sont très blancs et très purs ; on les expose pendant quelque temps à l'action de l'air, et ils constituent la crème de tartre pure du commerce.

43. Rendement. — Certains marcs contiennent peu de tartre ; d'autres en produisent jusqu'à 3 kilos par 100 kilos de marc : la moyenne est de 1 à 2 kilos de crème de tartre brute, dont le prix varie de 1 fr. 25 à 2 francs le kilo, suivant la proportion de tartrate de potasse qu'elle contient.

44. Évaluation de la richesse du tartre. — Le procédé employé pour évaluer la richesse du tartre est connu sous le nom d'*essai à la casserole*, quoique l'on se serve pour cet usage d'une capsule de porcelaine.

On fait bouillir pendant dix minutes, dans un litre d'eau, 50 grammes du tartre à essayer ; on décante le mélange dans un récipient quelconque en laissant au fond les matières insolubles, et on laisse reposer le liquide à la température ordinaire.

Au bout de douze heures environ, le tartre raffiné s'est cristallisé ; on retire les cristaux qu'on lave soigneusement à l'eau fraîche, puis on les fait sécher.

Le poids de ces cristaux en grammes, multiplié par 2 et augmenté de 10 degrés, représente le degré tartrique réel, les 10 degrés ajoutés compensent la perte dans les eaux de lavage.

45. Extraction du tartre des lies de vin. — Les lies contiennent de la crème de tartre déposée par le vin ; son mode d'extraction est le même que celui employé pour le tartre des marcs. Aussitôt la distillation terminée, on extrait la masse que l'on filtre grossièrement et surtout rapidement pour ne pas lui donner le temps de se refroidir, et l'on envoie le liquide dans une cuve de cristallisation où le tartre se dépose et où on le recueille.

CHAPITRE VII

EAUX-DE-VIE DE CIDRE ET DE POIRÉ

46. Comment s'obtient l'eau-de-vie de cidre et de poiré. —
L'eau-de-vie de cidre et de poiré s'obtient en séparant l'alcool
du cidre par distillation; cet alcool est accompagné d'éthers,
d'huiles aromatiques qui parfument l'eau-de-vie et lui donnent
un bouquet spécial.

Caractères des cidres et poirés à distiller. — Les cidres et
poirés ne doivent être distillés que lorsqu'ils sont complètement fermentés et qu'ils ne contiennent par conséquent plus de
marc.

Il faut éviter autant que possible de distiller des cidres trop
aigres, contenant beaucoup d'acide acétique, car cet acide
passant en même temps que l'alcool donne des eaux-de-vie de
qualité très inférieure. Si les cidres aigres ne contiennent
encore que peu d'acide acétique, on peut neutraliser ce dernier
avec de la chaux et obtenir par distillation des eaux-de-vie de
qualité marchande. Si les cidres sont trop aigres, il vaux mieux
ne pas les distiller et en faire du vinaigre.

Les cidres ayant mauvais goût (goût de moisi notamment)
sont quelquefois impropres à la distillation, car ils donnent
des eaux-de-vie défectueuses.

Les lies fraîches et de bonne qualité, ajoutées aux cidres,
rendent les eaux-de-vie très parfumées ; on doit écarter les
lies aigres ou pourries, car elles communiquent à l'eau-de-vie
un goût très désagréable.

Distillation des cidres. — Nous allons examiner deux cas
principaux :

**47. I. *Distillation avec un alambic ordinaire. (distillations
successives ou par repasses).*** — On remplit la chaudière et on
chauffe comme pour le vin (voir p. 35). On distille lentement et
le plu régulièrement possible : on obtient d'abord des liquides
riches en alcool, puis des liquides de moins en moins riches ;
on continue l'opération jusqu'à ce que le liquide distillé marque

15 degrés. Tout le liquide recueilli depuis le commencement de la distillation constitue *les petites eaux*. La distillation est continuée jusqu'à ce que le liquide obtenu marque 4 degrés; ce liquide faible est joint au cidre d'une autre opération.

Les petites eaux marquant 15 degrés sont ensuite distillées; cette deuxième distillation constitue *la repasse*.

La repasse, comme la première distillation, doit être conduite très lentement :

1° On obtient tout d'abord les *produits de tête* : ces premiers produits sont principalement composés d'éther acétique et d'aldéhyde : on les met de côté car ils sont nuisibles;

2° Puis on recueille *les cœurs* constituant l'eau-de-vie véritable ;

3° Enfin lorsque la distillation est près d'être terminée, on recueille les *produits de queue* formés principalement par de l'acide acétique et de faibles quantités d'alcools supérieurs ; on les élimine parce qu'ils donneraient à l'eau-de-vie un goût désagréable. Pour cela, quand l'eau-de-vie qui passe ne titre plus que 50 degrés à l'alcoomètre, ce qui vient après est mis de côté pour être joint à une autre repasse.

II. ***Distillation avec des alambics à rectificateurs*** (*eaux-de-vie de 1er jet*). — Les appareils à rectificateurs Egrot ou Deroy (fig. 11 et 13) permettent d'obtenir des eaux-de-vie sans repasse, du 1er jet, marquant 55 à 70 degrés à l'alcoomètre. Ils fournissent des eaux-de-vie plus parfumées et permettent une forte économie de temps et de combustible.

48. Rendements. — On consomme généralement l'eau-de-vie de cidre à un degré plus élevé que l'eau-de-vie de vin, généralement à 60, 65 degrés. On compte qu'un hectolitre de cidre donne de 7 à 12 litres d'alcool à 60 degrés. Les poirés étant plus alcooliques que les cidres donnent un peu plus d'eau-de-vie, 10 à 16 litres.

49. Les lies de cidres et de poirés se distillent absolument comme les lies de vin.

50. Les marcs de pommes et de poires se distillent *en nature* ou *en piquettes*, comme les marcs de raisins (voir p. 65). Les piquettes sont préparées également de la même façon.

Les marcs sont généralement peu sucrés, ils donnent ordinairement au maximum 2 litres d'alcool à 50 degrés par 100 kilogrammes.

CHAPITRE VIII

LES EAUX-DE-VIE DE FRUITS A NOYAUX

I. — EAUX-DE-VIE DE CERISE (KIRSCH)

51. L'eau-de-vie appelée *kirsch* se prépare avec la cerise
sauvage ou merise, ainsi qu'avec les cerises cultivées. Ces
dernières donneraient cependant, d'après certains praticiens,
des eaux-de-vie moins parfumées que celles que l'on obtient
avec la merise.

L'industrie du kirsch est principalement localisée dans une
petite portion des départements de la Haute-Saône, des Vosges
et du Doubs. Le centre de commerce du kirsch est à Fouge-
rolles (Haute-Saône); les localités principales sont Claire-
goutte, Aillevillers, Grerjus (Haute-Saône), Fontenay-le-Châ-
teau, Tremonsey (Vosges), Mouthiers (Doubs).

Les variétés de cerises sauvages ou merises sont assez
nombreuses. Dans les Vosges on préfère les variétés dites
noir basset, hauts-châteaux, rouge grand'queue, fromentelle
ou *rouge sauvage*. En Franche-Comté, les variétés les plus
estimées sont la *pavillarde* et la *catelle*.

Dans les différents pays du kirsch, d'après M. Trelut, on attribue en général fort peu d'influence à l'exposition de la plantation; ce qui prouve que
cette opinion est bien fondée, c'est que la récolte est également bonne en
quantité et en qualité, qu'elle soit faite au levant, au couchant, au midi,
chose essentielle cependant, c'est la nécessité d'éviter l'action des vents du
nord.

« La situation des lieux a peu d'influence aussi sur la récolte, car on a
également de bonne qualité dans les plaines, les côtes et les plateaux; mais
une condition très importante, on pourrait dire capitale, c'est de choisir une
bonne nature de sol. En général, toutes les terres qu'on peut appeler *froides*,
qu'elles soient argileuses, schisteuses, marneuses, sont mortelles au cerisier;
es plantations y croissent lentement, l'arbre y devient noueux, chétif, rabou-
gri, rapporte peu et finit par périr; on a entièrement renoncé aujourd'hui à
planter dans ces terrains. Dans les terres chaudes, à différents degrés, on
réussit toujours; cependant les terres siliceuses sont préférables, et, parmi
celles-ci, il y a encore un choix à faire : les terres siliceuses blanches qu'on
appelle dans le pays *terres de sable*, sont plus hâtives que les terres rouges,

jaunes et vertes de même nature ; on explique cette différence de l'époque de la maturité des cerises par les lois de la réflexion des rayons du calorique et de la lumière sur les diverses couleurs. Il y a double avantage à planter les terres sablonneuses, du moins celles qui sont cultivées ; on obtient d'abord une qualité supérieure, et la récolte des céréales est garantie de l'ardeur du soleil par l'ombre des cerisiers ; dans ces terres de sable, les arbres croissent vite, se portent bien, vivent des siècles, et fournissent beaucoup et de bonne qualité. Les terres calcaires, celles dites *rousses*, conviennent aussi ; l'accroissement des cerisiers est plus lent, c'est vrai, mais la récolte abondante ; s'il y a une différence, c'est seulement, je pense, dans la qualité.

« On plante toujours en automne ; l'expérience a prouvé qu'en plantant dans les autres saisons, la plantation manque quelquefois. On se procure le cerisier sauvage dans les bois ; c'est de quatre à huit ans qu'on le préfère ; plus jeune il se fait trop attendre, plus vieux, il périt souvent.

« La distance qui sépare chaque cerisier varie suivant que le sol est cultivé ou laissé en friche ; elle varie aussi suivant que la plantation est située en plaine ou dans le côteau ; elle peut être fixée en moyenne à 12 mètres dans les lieux plats, et à 8 mètres dans les côtes ; on peut ajouter que dans les terrains cultivés, la distance doit être comparativement plus grande.

« Lorsque le cerisier est bien repris, à partir de l'époque de la plantation, on le laisse croître et prendre de la force jusqu'à l'âge de trois à six ans ; alors on greffe toujours au printemps, le plus près possible de la végétation, c'est-à-dire un peu avant le mouvement de la sève. Le choix de la greffe est soumis à la volonté du propriétaire. Règle générale : lorsqu'on veut obtenir une grande quantité de liquide, on greffe une cerise qui ait le noyau petit et la chair grasse et très charnue ; si au contraire on préfère la qualité, on greffe une cerise qui présente une nature opposée à la précédente ; dans le pays, on cherche à obtenir une moyenne en greffant une cerise qui tient par conséquent le milieu entre les deux extrêmes.

« Le cerisier, après le greffage, n'est, pas plus qu'un autre arbre, l'objet de soins particuliers ; dans les terrains cultivés, on a seulement la précaution de ne pas en laisser approcher la charrue de trop

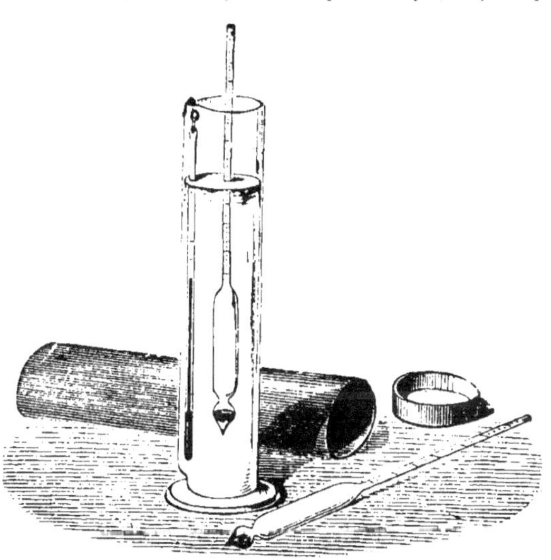

Fig. 48. — Mustimètre Salleron plongé dans le moût avec thermomètre pour la correction de température.

près ; on laisse autour de chaque pied d'arbre un rayon de 2 mètres environ que l'on cultive avec la pioche afin de ménager les racines.

« Les premières récoltes sont, comme on le pense, bien peu abondantes ; ce n'est pas avant l'âge de quinze ans que la plantation peut être considérée comme pouvant donner des bénéfices[1]. »

---

1. Trelut.

52. Richesse en sucre et en acidité du jus de cerise. — Pour obtenir de bonnes eaux-de-vie de cerises, il est bon de connaître la richesse en sucre et acidité du jus.

Dosage du sucre avec le mustimètre Salleron ou densimètre Gay-Lussac. — Le mustimètre (fig. 48) est un instrument qui indique le poids en grammes d'un litre de liquide dans lequel il est plongé. La division 1000, placée au milieu de l'échelle, représente le poids d'un litre d'eau distillée (1000 grammes) : les divisions au-dessus mesurent les densités inférieures, et celles au-dessous les densités supérieures.

On prépare le moût à essayer en filtrant à travers un linge une certaine quantité de jus de cerises. On y plonge successivement le mustimètre et un thermomètre et l'on note l'indication de ces instruments (fig. 49).

Soit 1065 le degré lu sur l'échelle du mustimètre et 18 degrés la température indiquée par le thermomètre. On cherche dans le tableau I ci-dessous quelle correction il faut faire subir à l'indication du mustimètre pour la ramener à ce qu'elle serait si la température du moût était 15 degrés.

Ce tableau indique, pour l'exemple pris, qu'il faut ajouter 0,5 à l'indication du mustimètre, de sorte que le poids du moût ramené à la température de 15 degrés est de 1065.5. Si la température, au lieu de 18 degrés était 12 degrés, la correction — 0,4 indiquée par la table devrait être retranchée de 1065, qui deviendrait alors 1064.6. Avec la densité corrigée 1065,5 on cherche dans le tableau II des Richesses saccharine et alcoolique des moûts (voir p. 84) quel est le poids du sucre contenu dans un litre de moût, et quel sera le degré alcoolique qu'aura le vin après la fermentation.

TABLEAU I

Correction de la densité du moût suivant sa température.

TEMPÉRATURES	CORRECTIONS	TEMPÉRATURES	CORRECTIONS
10	— 0,6	21	+ 1,1
11	— 0,5	22	+ 1,3
12	— 0,4	23	+ 1,6
13	— 0,3	24	+ 1,8
14	— 0,2	25	+ 2
15	— 0	26	+ 2,3
16	+ 0,1	27	+ 2,6
17	+ 0,3	28	+ 2,8
18	+ 0,5	29	+ 3,1
19	+ 0,7	30	+ 3,4
20	+ 0,9		

Dans le tableau II des Richesses saccharine et alcoolique des moûts (voir page 84) :

La première colonne représente la densité du moût, c'est-à-dire l'indication du mustimètre.

84   LES EAUX-DE-VIE ET LES ALCOOLS.

La deuxième colonne indique les valeurs correspondantes de l'aréomètre Baumé, du gleuco-œnomètre ou pèse-moûts.

La troisième colonne donne le poids en grammes du sucre de raisin ou glucose que contient le litre de moût.

La quatrième colonne donne la richesse alcoolique du vin fait, après transformation du sucre en alcool, en admettant que la totalité du sucre fermente, ce qui n'arrive pas toujours, surtout si la richesse alcoolique dépasse 14 degrés.

TABLEAU II

Richesses saccharine et alcoolique du moût de fruits.

DENSITÉ ou DEGRÉS du mus-timètre.	DEGRÉS de l'aréo-mètre Baumé.	GRAMMES de sucre par litre de moût.	RICHESSE alcooli-que du vin fait.	DENSITÉ ou DEGRÉS du mus-timètre.	DEGRÉS de l'aréo-mètre Baumé	GRAMMES de sucre par litre de moût.	RICHESSE alcooli-que du vin fait.
		Kil.				Kil.	
1050	6,9	0.103	6,0	1076	10,2	0.172	10,1
1051	7,0	0.106	6,2	1077	10,3	0,175	10,3
1052	7,1	0,108	6,3	1078	10,4	0.178	10,5
1053	7,2	0,111	6,5	1079	10,5	0.180	10,6
1054	7,4	0,114	6,7	1080	10,7	0.183	10,8
1055	7,5	0,116	6,8	1081	10,8	0.186	10,9
1056	7,6	0,119	7,0	1082	10,9	0,188	11,0
1057	7,8	0,122	7,2	1083	11,0	0,191	11,2
1058	7,9	0,124	7,3	1084	11,1	0,194	11,4
1059	5,0	0.127	7,5	1085	11,3	0,196	11,5
1060	8,1	0.130	7,6	1086	11,4	0.199	11,7
1061	8,3	0,132	7,8	1087	11,5	0.202	11,9
1062	8,4	0,135	7,9	1088	11,6	0.204	12,0
1063	8,5	0,138	8,1	1089	11,8	0.207	12,2
1064	8,6	0.140	8,2	1090	11,9	0.210	12,3
1065	8,8	0,143	8,4	1091	12,0	0.212	12,5
1066	8.9	0,146	8,6	1092	12,1	0.215	12,6
1067	9,0	0,148	8,7	1093	12,3	0.218	12,8
1068	9,2	0,151	8,9	1094	12,4	0,220	12,9
1069	9,3	0,154	9,0	1095	12,5	0,223	13,1
1070	9,4	0,156	9,2	1096	12,6	0,226	13,3
1071	9,5	0.159	9,3	1097	12,7	0.228	13,4
1072	9,7	0.162	9,5	1098	12,9	0.231	13,6
1073	9,8	0,164	9,6	1099	12,0	0.234	13,8
1074	9,9	0,167	9,8	1100	13,1	0,236	13,9
1075	10,0	0.170	10,0				

Pour que la fermentation se fasse bien, il faut que le jus contienne environ 130 grammes de sucre par litre, c'est-à-dire que le densimètre Gay-Lussac ou mustimètre marque 1060.

Si le jus est plus riche en sucre, il est bon de le diluer avec de l'eau jusqu'à ce que le densimètre marque 1060.

Acidité du jus. — Les cerises renferment un certain nombre d'acides parmi lesquels de l'acide citrique, de l'acide malique, de l'acide cyanhydrique (fourni par le noyau).

L'acidité du jus varie de 3 à 7 grammes par litre (exprimée en acide sulfurique). Pour avoir une bonne fermentation il faut que le jus ait une acidité moyenne de 4 à 5 grammes.

La fermentation se fait dans de meilleures conditions lorsque le jus est acide ; aussi est-il bon, lorsque les cerises sont très mûres, très sucrées et par suite peu riches en acide, d'ajouter à la cuve un peu de cerises aigres ou de l'acide tartrique (jusqu'à 80 ou 100 grammes d'acide tartrique par 100 kilogrammes de cerises).

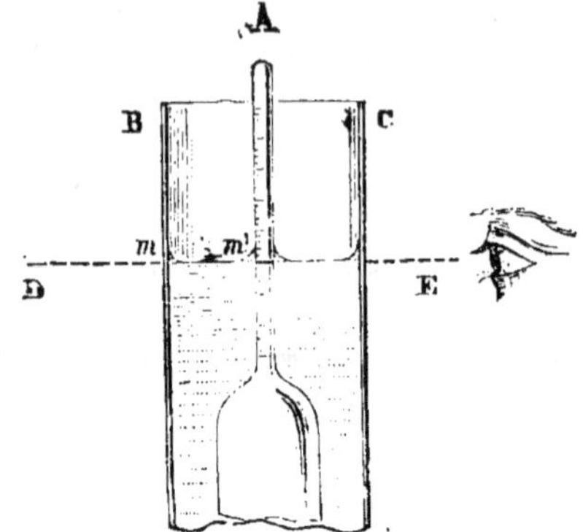

FIG. 49. — *On lit le mustimètre suivant la droite DE.*

53. Récolte des cerises.

— La récolte des cerises se fait généralement dans la deuxième quinzaine de juillet et la première quinzaine d'août ; elle se fait par un beau temps car on a remarqué que le kirsch provenant de cerises récoltées par un beau temps est supérieur en qualité à celui que l'on obtient avec des cerises cueillies par la pluie.

On trie les cerises pour rejeter les fruits pourris. On enlève les queues qui donnent de l'amertume à l'eau-de-vie.

54. Fermentation. — La fermentation se fait de trois manières différentes :

1° *Méthode simple*. — On met les cerises dépourvues de queues dans des tonneaux ou dans une cuve. La température favorable pour la fermentation est de 20 à 22 degrés environ. Le lendemain ou le surlendemain de la mise en cuve la fermentation s'établit, elle dure de 12 à 15 jours.

Si on ne peut distiller immédiatement, on bouche soigneusement la cuve en attendant, pour éviter les fermentations secondaires.

Toute la masse étant pâteuse, on prend certaines précautions à la distillation, comme nous l'avons indiqué à propos de la distillation des marcs. On peut employer des alambics munis de paniers pour contenir la masse pâteuse[1].

La chaudière de l'alambic est remplie aux 4/5° et on chauffe

---

1. On prétend que le kirsch préparé à feu nu est meilleur que celui préparé à la vapeur.

lentement : les produits de tête qui passent au début sont séparés : on recueille ensuite le kirsch qui coule en moyenne à 50-55 degrés. Les produits de queue sont recueillis à part et mis dans la chaudière à l'opération suivante.

2° **Méthode**. — On foule les cerises sans briser les noyaux. La bouillie produite renferme :

> 13 à 15 pour 100 de noyaux et pellicules ;
> 85 à 87 pour 100 de jus de pulpe.

On brasse le tout pour l'aérer afin de faciliter le départ de la fermentation. On ajoute un peu d'eau tiède, de façon à avoir comme température 20 à 25 degrés. On refoule deux fois par jour le chapeau. La fermentation dure 15 à 20 jours, puis on soutire le jus et on presse le marc.

Le vin obtenu n'est pas distillé immédiatement, de façon que le liquide alcoolique puisse dissoudre certains produits solubles des noyaux. On le conserve dans des fûts pleins et bien bouchés.

3° **Méthode**. — Cette méthode est moins employée. On fait macérer les cerises dans l'eau et l'on extrait par pression le jus sucré. On fait fermenter ce dernier à la température de 20 à 25 degrés et l'on distille.

Rendements — En moyenne, 100 kilogrammes de cerises émondées et séparées des queues donnent de 12 à 15 litres de kirsch à 51 degrés.

Remarques. — 1° Quelques distillateurs prétendent qu'il est nécessaire d'écraser au moins 5 pour 100 de noyaux. Ce n'est pas indispensable ; en écrasant les noyaux on a un kirsch à odeur plus prononcée, mais moins fine ;

2° Le kirsch est produit à 52-54 degrés et ramené au titre marchand de 50 degrés.

II. — EAUX-DE-VIE DE PRUNES OU QUETSCH

55. — Pour fabriquer l'eau-de-vie de prunes on peut employer la variété de prunes appelée *couetche* que l'on trouve en Alsace ; on peut également employer la *mirabelle*.

La prise de densité du jus se fait comme pour le jus de cerises (p. 82). La densité du jus de prunes varie de 1040 à 1070 (voir tableau p. 84) et l'acidité est de 4 à 5 grammes par litre.

La mirabelle très mûre a une densité plus élevée (1060 à 1080), mais une acidité plus faible (2 gr., 5 à 3 grammes par litre). Si la densité est élevée, on l'abaisse vers 1050 à 1060, par une addition d'eau tiède, de façon que le tout soit porté à la température de 20 à 25 degrés pour la fermentation.

100 kilogrammes de prunes fournissent environ 93 kilogrammes de pulpe et 6 kilogrammes de noyaux. On foule les prunes ou on les déchire, sans casser les noyaux.

La fermentation est plus lente que celle des cerises, elle dure de un mois à un mois et demi.

On distille autant que possible dès que la fermentation est terminée, avec les noyaux entiers ou bien concassés en partie au moment de la mise en chaudière.

La distillation se fait comme celle des cerises.

Le rendement est 8 à 16 litres d'eau-de-vie à 51 degrés pour 100 kilogrammes de prunes.

III. — EAUX-DE-VIE DE FRUITS EN GÉNÉRAL

56. — Les eaux-de-vie d'abricots, de pêches, etc., et en général de tous les fruits à noyaux se préparent de la même façon que les eaux-de-vie de prunes.

Les eaux-de-vie de groseilles, de framboises, de mûres, de coings, de figues se préparent également dans les mêmes principes, soit en opérant la fermentation et la distillation directement sur les fruits, soit en traitant les jus séparément.

La prise de densité des jus sucrés se fait de la même manière que celle du jus de cerise[1].

Fermentation des jus. — Pour plus de précision, nous indiquerons les deux méthodes principales que l'on peut suivre pour la préparation des moûts et jus fermentés :

Première méthode. — Les fruits, à la maturité, sont versés dans des tonneaux ou des cuves, et on les laisse fermenter dans un local tempéré. Pour que la fermentation se produise

---

1. On se sert aussi de la table de Salleron qui permet de connaître immédiatement, à l'aide du *muslimètre*, la richesse en sucre de tous les jus, et la quantité d'alcool qui y correspond après la fermentation.

Bien que cette table ne s'applique en principe qu'au jus de raisin, le distillateur peut l'employer également pour les jus de fruits et y trouver des indications suffisantes pour ses operations.

bien, il faut une température de 20 à 25 degrés, il ne faut pas que la température descende au-dessous de 16 degrés.

La fermentation étant terminée, on distille en mettant le tout (les parties solides en même temps que les parties liquides) dans la chaudière. Si la distillation ne peut se faire immédiatement après la fermentation, on a le soin de conserver le moût fermenté de la manière suivante : on bouche hermétiquement les fûts en ne laissant qu'une ouverture dans laquelle on dispose une *bonde hydraulique* (bonde bourguignonne, par exemple), ou un simple tube débouchant dans un peu d'eau, de manière à favoriser la sortie du gaz carbonique tout en empêchant la rentrée de l'air.

Deuxième méthode. — On met dans les fûts ou dans les cuves les fruits après les avoir foulés ou écrasés comme on fait pour la vendange, sans trop casser les noyaux qui renferment un principe nuisible à la fermentation. On arrose ensuite avec de l'eau, tiède de préférence, et on laisse fermenter.

La fermentation achevée, on soutire les jus, on passe les marcs au pressoir, on réunit les jus ensemble en y ajoutant, suivant le goût, une quantité plus ou moins grande de noyaux pilés, et on les distille : on obtient ainsi une eau-de-vie de vins de fruits. Les pulpes, additionnées de 1/3 d'eau environ, sont ensuite distillées pour faire l'eau-de-vie de marcs de fruits, plus haute en goût.

57. Distillation. — Il faut avoir soin, quand on distille des fruits préparés suivant la première méthode, de mettre dans l'alambic une certaine quantité d'eau, afin que les matières ne soient pas trop épaisses, et de porter cette eau à l'ébullition avant d'y introduire le moût fermenté. En opérant de la sorte, on ne brûle pas le contenu. Si l'on possède une grille de fond, on dispose une couche de paille dessus ou dessous, puis on verse la quantité d'eau nécessaire, et, quand elle bout, on y ajoute les fruits. On empêche aussi la matière de s'attacher, en se servant d'un appareil muni d'un agitateur. La chauffe doit être conduite lentement, avec un feu doux.

On distille les jus obtenus par la seconde méthode, absolument comme on le fait pour le vin ou le cidre, et autres jus fermentés.

De l'avis de bien des distillateurs, les eaux-de-vie sont meilleures et beaucoup plus parfumées lorsqu'on les distille à feu direct, sous bain-marie, mais en prenant les précautions que nous avons indiquées pour que les matières ne brûlent pas au fond de la chaudière.

58. Conservation des eaux-de-vie de fruits à noyaux. —
On conserve les eaux-de-vie de fruits à noyaux, on les fait vieillir
dans des bonbonnes en verre au lieu de les mettre (comme les
eaux-de-vie de vin) dans des fûts en bois. Placées dans des
tonneaux, elles ne resteraient plus incolores comme le client
le désire et de plus elles prendraient un goût particulier désagréable.

Si on bouchait hermétiquement la bonbonne, l'eau-de-vie ne
vieillirait pas; aussi emploie-t-on un bouchon percé de trous
pour faciliter une évaporation lente.

59. Coupage des eaux-de-vie de fruits. — (Voir coupage
des eaux-de-vie, page 104.)

60. Rendement en eau-de-vie. — La quantité d'eau-de-vie
que l'on obtient en distillant des jus de fruits est évidemment
proportionnelle à la richesse en sucre de ces jus.

Pour les différents fruits énoncés ci-dessous, les quantités
moyennes d'eau-de-vie à 55 degrés que l'on peut obtenir par la
distillation de 100 kilogrammes de fruits sont les suivantes :

Cerises	12 litres.	Poires	5 litres
Prunes ordinaires	8 —	Pommes	6 —
— reine-claude	10 —	Baies de sureau	6 —
Quetsches fraîches	20 —	Potirons et citrouilles des espèces sucrées	8 litres.
Framboises	10 —	Melons	10 —
Groseilles	8 —	Figues fraîches	10 —

En Résumé, on peut donc utiliser le plus souvent les fruits
que l'on récolte, sous forme d'une excellente eau-de-vie. Il
existe dans le commerce de petits alambics peu coûteux, qui
sont pour ainsi dire des alambics de ménage et qui permettent
la distillation de petites quantités de fruits. Lorsque la récolte
des cerises, prunes, etc., est très abondante, il semble qu'il
serait préférable de les transformer en eau-de-vie étant donné
que la manipulation est très simple. Nous laissons de côté ce
que nous pourrions appeler la fabrication industrielle des
eaux-de-vie de prune ou de cerise, pour signaler seulement la
possibilité d'utiliser un grand nombre de fruits qu'on abandonne souvent dans les campagnes, parce qu'ils sont à pro-
fusion, et parce qu'on est habitué à les consommer directement.

CHAPITRE IX

VIEILLISSEMENT DE L'EAU-DE-VIE

I. — VIEILLISSEMENT NATUREL

61. Vieillissement dans les futailles en bois. — L'eau-de-vie, lorsqu'elle vient d'être obtenue par la distillation, est complètement incolore et a un goût de chaudière spécial qui ne disparaît qu'avec le temps, qu'avec le vieillissement.

Conservée dans des bouteilles ou des bonbonnes en *verre*, l'eau-de-vie reste telle qu'elle, elle ne vieillit pas.

Le vieillissement ne s'obtient que dans des récipients où l'eau-de-vie a un certain contact avec l'air, dans des récipients en *bois*; l'expérience a démontré que c'est dans des *futailles en chêne* que le vieillissement se fait le mieux.

Examinons ce qui se passe dans le vieillissement naturel des eaux-de-vie mises dans des futailles en bois :

1° *Une diminution du volume total du liquide, et réduction du titre alcoolique.* — Cette diminution peut atteindre 3o pour 100 en vingt ans. Elle est due à deux causes principales : le bois, plus ou moins poreux, s'imbibe de liquide: ce dernier filtre à travers les douves du fût et s'évapore lentement à la surface; il se produit également une perte par la bonde plus ou moins en fermée.

La diminution de volume varie suivant la nature des fûts, leur dimension, a température, et le degré d'humidité des caves. Elle porte plus sur l'alcool que sur l'eau que contient l'eau-de-vie, probablement parce que l'alcool est plus volatil que l'eau. Les chiffres ci-dessous donnés par M. Rocques donnent une idée de la réduction alcoolique de deux eaux-de-vie prises dans deux caves différentes :

	Cave A	Cave B
Eau-de-vie de 1893	63°	65°
— — 1892.	64°	63°
— — 1887.	64°	61°
— — 1883.	57°	60°
— — 1873.	52°	59°

Dans de petits fûts, la diminution de volume est proportionnellement très grande et le vieillissement très rapide ; dans de grands fûts, au contraire, la diminution de volume est proportionnellement moins forte et le vieillissement moins grand :

2° *Une dissolution des principes solubles du bois se manifestant par une coloration jaune de l'eau-de-vie.* — L'eau-de-vie mise en fût dissout peu à peu les *matières solubles du bois*, notamment des matières tanniques qui lui donnent une belle coloration jaune très appréciée. Ce sont ces matières solubles qui forment ce que l'on appelle l'*extrait sec* et les cendres de l'eau-de-vie.

Si le bois cependant cède trop de tannin ou d'extrait, l'eau-de-vie acquiert un goût trop prononcé. Aussi les fûts doivent avoir servi afin de donner moins d'astringence à l'eau-de-vie ;

3° *Une augmentation de l'acidité.* — L'acidité des eaux-de-vie augmente avec l'âge.

Cette augmentation est due non seulement à la dissolution des acides solubles du bois, mais aussi à une oxydation très lente de l'alcool favorisée par la porosité du bois ; il y a formation d'acide acétique.

Les chiffres suivants, donnés par M. Rocques montrent la marche de l'augmentation de l'acidité dans une eau-de-vie.

	Acidité en acide acétique.
Eau-de-vie de 1893	0,31
— — 1892	0,43
— — 1887	0,40
— — 1888	0,55
— — 1873	0,82

4° *Certaines réactions chimiques augmentant le bouquet.* — Les acides formés peu à peu (puisque, ainsi que nous venons de le voir, l'acidité augmente) se combinent avec les alcools différents que contient l'eau-de-vie pour former des éthers augmentant le bouquet.

De plus, les matières tanniques du bois s'oxydent également peu à peu en donnant des produits odorants.

D'après M. Rocques, « le séjour des eaux-de-vie dans le bois ne doit pas être prolongé indéfiniment, car leur déperdition finirait par devenir trop forte et on n'aurait plus que de l'eau-de-vie usée ou passée. On ne doit, en aucun cas, laisser le degré d'une eau-de-vie conservée en fût s'abaisser au-dessous de 45 degrés. Le titre de 50 degrés pour les eaux-de-vie vieilles peut même être pratiquement considéré comme une limite qu'il ne faut pas dépasser. Quand les eaux-de-vie ont été produites à 65-70 degrés, cet abaissement s'observe au bout de trente à quarante ans. A ce moment l'eau-de-vie vieille devient précieuse pour les coupages avec des eaux-de-vie plus jeunes qu'elle vient bonifier. »

62. Conclusions pratiques de ce qui précède. — Logement des eaux-de-vie. — Les eaux-de-vie ne peuvent être avantageusement conservées que dans des fûts *en bois*, en bois de chêne spécialement.

Avant de se servir de futailles neuves, on doit les échauder soigneusement à l'eau bouillante ou faire passer un jet de vapeur d'une *étuveuse* pendant une vingtaine de minutes, jusqu'à ce que l'eau condensée coule incolore. Après ce lavage ou cet échaudage, on remplit le fût aux trois quarts de *petites-eaux* à 20-25 degrés et on laisse séjourner quelque temps pour que le bois s'imprègne bien de liquide alcoolique. On ne doit pas laisser l'eau-de-vie trop longtemps dans un fût *neuf*, car elle prendrait une coloration et un goût trop prononcés; au bout de six mois environ, on la transvase dans d'anciens fûts parfaitement sains où on la laisse vieillir.

Pour que l'eau-de-vie vieillisse rapidement, il faut employer de petits fûts.

Chais et greniers [1]. — L'eau-de-vie est placée dans le grenier et non à la cave. La cave est, en effet, trop humide, mal aérée, conditions qui favorisent le développement des moisissures; c'est un endroit où l'oxygène se renouvelle trop difficilement pour permettre une oxydation suffisante, et possédant trop l'odeur de moisi que l'eau-de-vie serait susceptible d'absorber avec une grande facilité.

Dans une maison de Cognac, on distingue les chais de dépotage, de réserve, de coupage, et le magasin aux foudres.

Les eaux-de-vie provenant de diverses distilleries sont dégustées à quai, mélangées et soutirées dans les fûts de la maison. Ces fûts sont montés dans des greniers munis d'ouvertures sombres et petites, la toiture est recouverte en tuiles; on ne cherche pas à garantir les eaux-de-vie des variations de température; les tuiles réalisent une aération continue ménagée et uniforme de toute la surface du grenier; on doit éviter les courants d'air violents qui avancent plus les lots de fûts les uns que les autres.

Les tonneaux sont rangés sur des marcs en bois, rarement gerbés; les lignes de tonneaux ne sont pas rangées par deux comme pour les vins, mais les lignes sont séparées par des chemins étroits permettant l'aération et la vérification des fûts, car il se peut que, par suite du travail du bois, il y ait des fuites de liquide. En un mot, on doit chercher à régula-

---

1. D'après Pacottet

riser l'aération de telle façon que les fûts étant placés dans les mêmes conditions vieillissent de la même façon.

L'action de la lumière est peu connue ; les chais sont tenus obscurs, afin d'éviter l'action directe des rayons solaires sur les fûts, ce qui aurait pour effet d'augmenter la température du liquide, ainsi que cela se produit dans un endroit clos : la conséquence serait une évaporation anormale du liquide.

Les foudres destinés à recevoir l'eau-de-vie faite sont placés au rez-de-chaussée.

La plus grande propreté est nécessaire à la tenue des chais, les mauvaises odeurs, les goûts de moisi pouvant être absorbés par l'alcool.

II. — VIEILLISSEMENT ARTIFICIEL DES EAUX-DE-VIE IMITATION DU COGNAC

63. Procédés de vieillissement artificiel. — Le vieillissement naturel, ainsi que nous venons de le voir, est une opération longue et par cela même assez coûteuse. Aussi a-t-on cherché à vieillir artificiellement les eaux-de-vie d'une manière rapide en employant certains procédés plus ou moins pratiques que nous allons examiner :

1° *Vieillissement par l'air ou l'oxygène à froid*. — Le procédé le plus simple consiste à disposer dans des tonneaux, des agitateurs à palettes, actionnés à bras, par exemple ; on remplit ces tonneaux à moitié avec l'eau-de-vie à vieillir et l'on remue le liquide avec l'agitateur au contact de l'air que contiennent les fûts.

Le vieillissement s'obtient encore par l'introduction, sous pression répétée pendant plusieurs jours, d'une certaine quantité d'air amenée en jet au fond du tonneau par un tube effilé.

Ce dernier procédé a été perfectionné par l'application industrielle d'*injections d'oxygène* à l'aide d'appareils spéciaux parmi lesquels nous pouvons citer l'appareil William St.-Martin. Cet appareil permet de pulvériser l'eau-de-vie à vieillir dans un espace clos plein d'oxygène comprimé : la pulvérisation est obtenue à l'aide de deux jets liquides arrivant sous forte pression, en face l'un de l'autre et qui se brisent de la sorte à l'infini.

2° *Vieillissement par l'ozone*. — En principe, pour vieillir les eaux-de-vie par l'oxygène ozoné, on fait passer un courant d'ozone pendant un certain temps, on soutire, puis on filtre après un repos de deux mois environ, pour obtenir la séparation des matières résinifiées. Nous ne faisons que citer les essais de Broyer, Petit et Treillard, de Cognac;

3° **Vieillissement par la chaleur.** — La chaleur active l'oxydation des eaux-de-vie. C'est pour cette raison qu'on met de préférence les jeunes eaux-de-vie dans les greniers.

Pratiquement, on chauffe doucement l'eau-de-vie (1 degré par minute) jusqu'à 60 degrés, dans un vase *clos*, puis on laisse refroidir lentement.

« Une grande maison, les frères Godard, de Cognac, utilisaient autrefois le moyen suivant pour vieillir leurs alcools : ils logeaient leur cognac dans de petits fûts en chêne du Limousin, d'une contenance de 25 litres, et les fûts étaient mis dans un four préalablement chauffé comme pour la cuite du pain[1]. »

4° **Vieillissement par l'oxygène sous pression et chaud.** — Ce procédé, dû à MM. Willon et F. Malvezin consiste à mettre l'eau-de-vie en contact avec de l'oxygène pur et à chauffer le tout. Il n'a pas donné d'excellents résultats.

5° **Procédé Pozzi-Escot.** — Ce procédé consiste en principe à faire passer les liquides alcooliques sur des substances à propriétés catalytiques appropriées (certains oxydes métalliques, les métaux sous forme de treillage ou de toile; certains alliages sous forme de copeaux, de rognures, de planures de toile, l'amiante et la ponce métallisées; les terres poreuses, le charbon de bois, le coke) maintenues à une température convenable en présence de l'air, ou de l'oxygène, ou même de certains agents oxydants, tels que l'eau oxygénée, l'ozone, etc.

6° **Vieillissement par le bois.** — Ce procédé se pratique couramment.

Les eaux-de-vie que l'on désire vieillir doivent être produites à un degré assez élevé, afin de pouvoir être réduites avec de l'eau distillée ou de l'eau de pluie ou de source très pure que l'on aura alcoolisée à 10, 15 ou 20 degrés, et dans laquelle on aura laissé macérer des copeaux de chêne blanc.

Pour que cette eau donne à l'eau-de-vie de la douceur et du moelleux, il faut qu'elle ait été conservée en fût pendant six mois au moins, dans un local à température élevée; elle acquiert ainsi une couleur franche et le goût dit de *rancio*. La proportion de copeaux est d'environ 10 kilogrammes par hectolitre; ils subissent une trempe d'une huitaine de jours avant d'être mis à macération. L'eau dans laquelle les copeaux ont dégorgé ne doit jamais être employée.

On mélange quelquefois à l'eau de la mélasse de canne, à raison de 2 à 3 litres par hectolitre à obtenir.

---

1. Frantz Malvezin.

La mélasse est avantageusement remplacée par du sirop de raisin (1 ou 2 litres par hectolitre d'eau-de-vie).

On complète le vieillissement par l'addition de 15 à 20 grammes d'ammoniaque (alcali volatil) par hectolitre.

Le *perlage* se produit artificiellement avec une dissolution faible de crème de tartre.

D'après M. Rocques, dans ces dernières années, on a breveté des procédés qui paraissent très rationnels puisqu'ils ont pour but de faciliter et de hâter les réactions qui se produisent à la longue entre les éléments solubles du bois et ceux de l'eau-de-vie.

Dans ces procédés on chauffe sous pression les eaux-de-vie avec le bois et on fait agir en même temps soit l'oxygène soit des réactifs oxydants très faibles. Cette voie nous parait très rationnelle et pleine d'avenir, mais on ne pourra juger nettement ces procédés que lorsqu'ils auront été employés industriellement.

64. Imitation du cognac. — Coloration artificielle des eaux-de-vie[1]. — La coloration s'obtient pour les eaux-de-vie communes par l'addition de mélasse brute ou caramélisée : pour les qualités supérieures par du caramel de sucre et par l'addition d'eau distillée alcoolisée à 10 degrés, dans laquelle on a laissé macérer pendant quelques mois des copeaux de chêne blanc ; copeaux que l'on a, au préalable, laissés dégorger pendant une semaine dans de l'eau de pluie pour en extraire les premiers produits devant être rejetés.

Il est préférable de fabriquer soi-même le caramel servant à la coloration, car sa préparation exerce une influence sensible sur la qualité. Voici comment on opère.

Fabrication du Caramel. — *Caramel de mélasse.* — La mélasse de sucre de canne est seule employée ; on la verse dans une bassine avec environ la moitié de son volume d'eau et l'on chauffe fortement en agitant constamment ; quand le liquide est en ébullition, il mousse abondamment ; on jette alors dans la bassine quelques grammes de cire vierge concassée qui calment l'émulsion. La caramélisation terminée, ce qui se reconnaît quand le mélange adhère à la spatule, on retire la bassine du feu pour la laisser refroidir un peu, et l'on ajoute progressivement de l'eau bouillante pour dissoudre le caramel.

On replace la bassine sur le feu et l'on agite la masse pour qu'elle soit très homogène, on filtre sur un petit tamis fin, de crin, et l'on met en bouteilles la liqueur refroidie, à laquelle on ajoute un peu d'alcool qui la préserve de toute altération.

Caramel de sucre. — La préparation est analogue à celle du caramel de mélasse. Le sucre placé dans une bassine avec le dixième de son poids d'eau est chauffé d'abord doucement, puis plus fortement, en ayant soin de toujours agiter avec une spatule en bois. Le sucre fond, puis se colore en se caramélisant ; quand la couleur est suffisamment accentuée, on arrête la caramélisa-

---

1. Nous reproduisons ici les procédés indiqués par la Maison Egrot.

tion, on retire la bassine du feu et la suite de l'opération est la même que pour le caramel de mélasse. On ajoute de l'eau chaude de dissolution, on filtre et on met en bouteilles.

2° *Caramel de glucose.* — On peut caraméliser le glucose de la même façon que le sucre de canne en employant du sucre de glucose ; le plus souvent on opère cette caramélisation en présence d'alcalis tels que la chaux ou la soude, et généralement on donne la préférence à la soude ou plutôt au carbonate de soude. Le carbonate de soude, dans la proportion de 3 pour 100 du poids du glucose, est d'abord dissous dans la bassine à caramel dans le double de son poids d'eau, puis le glucose est introduit.

La marche est alors celle de la caramélisation du sucre ; on agite avec une spatule et, quand la caramélisation est finie, on étend d'eau chaude ; on filtre et l'on met en bouteilles.

Le caramel de glucose préparé avec un alcali possède une légère âcreté qu'il n'a pas quand il est préparé seul.

La préparation du caramel exige donc la manipulation de la bassine, qui doit être enlevée de dedans son fourneau puis replacée.

C'est pour supprimer cette manipulation peu commode que la Maison Egrot a établi une bassine à caramel dans un fourneau à foyer mobile. Dès que la caramélisation est terminée, on retire le foyer pour laisser refroidir la bassine. La vidange du caramel étendu d'eau pour le filtrage et la mise en bouteilles se fait instantanément par le basculement de la bassine.

65. Préparations employées pour l'imitation du cognac. — La coloration est presque toujours accompagnée de l'introduction de substances diverses dont les proportions varient à l'infini, et qui ont pour but de former certains produits éthérés rappelant le parfum et l'arome délicats du vieux cognac. Ces préparations sont connues sous le nom de *sauces*.

Les sauces ou bouquets factices varient à l'infini ; chaque négociant a ses procédés, qu'il emploie suivant le goût de sa clientèle et la contrée où il écoule ses produits.

Les bases principales en sont : le cachou, la vanille, le brou de noix, le baume de Tolu, l'iris de Florence, l'essence d'amandes amères, le rhum et le vieux kirsch, le sirop de raisin, le sassafras, les fleurs de genêt, le thé suisse, le thé Hytwyn, le capillaire du Canada, la réglisse verte, etc., etc.

Beaucoup de praticiens se contentent d'ajouter à leurs eaux-de-vie une infusion de 5o grammes de thé vert et de 5o grammes de thé noir dans un litre d'eau bouillante par hectolitre. Quelques-uns adoucissent cette infusion avec 25o à 3oo grammes de sucre et complètent leur préparation par une addition de 20 à 25 grammes d'alcali volatil. Le rôle de l'ammoniaque est ici de corriger l'âpreté des eaux-de-vie jeunes, en neutralisant les acides qu'elles contiennent souvent.

Voici d'ailleurs quelques-unes des formules les plus employées indiquées par les maisons Egrot et Deroy, et que nous citons seulement à titre documentaire, car elles constituent en quelque sorte de véritables falsifications :

Pour améliorer les eaux-de-vie (maison Egrot). — Prendre un litre de vieux rhum et y faire macérer pendant un mois 2 grammes de poudre d'iris de Florence, les zestes de deux petites oranges, et 5 grammes de vanille pilée avec 5o grammes de sucre. Tirer au clair. Préparer ensuite une infusion avec 15 grammes de thé vert, 15 grammes de fleurs de tilleul et 1 litre d'eau bouillante. Réunir les deux liqueurs et ajouter le tout à l'eau-de-vie. On opère le mélange à l'aide d'un fouet, puis on y ajoute 25 grammes d'alcali volatil, et l'on brosse avec soin.

AUTRE RECETTE.

Vieux rhum. . . . . 1 litre 1/2 à 2 litres.
Vieux kirsch . . . . —
Sirop de sucre ou de raisin. . . . . —
Infusion alcoolique de brou de noix . . 1/2 litre à 3/4 litre.

On verse le tout dans un hectolitre d'eau-de-vie réduite au degré convenable; puis, après le brassage, on additionne de 25 grammes d'ammoniaque, et l'on termine en fouettant énergiquement pendant cinq minutes.

Imitation de cognac. — 1° Prendre une quantité quelconque de 3/6 de vin à 85/86 degrés et le réduire à 5o/52 degrés par de l'eau de pluie ou de rivière, ou mieux, par des eaux de coupages préparées. Colorer avec le caramel et vieillir par l'addition de 25 à 3o grammes d'alcali volatil par hectolitre. Brasser. Cette formule est très simple et peut suffire pour des qualités ordinaires. Les préparations ci-après fournissent des produits offrant plus de saveur :

2° Pour un hectolitre d'eau-de-vie au degré de consommation :

Cachou pulvérisé . . . . 4o grammes.
Thé vert et thé noir, de chacun. . . . . 3o —
Rhubarbe . . . . 1 —
Aloès succotrin . . . . 1 —
Noix muscades pilées . . . . 3o —
Fleurs de tilleul . . . . 1oo —

Faire infuser dans 2 litres d'eau bouillante et agiter fréquemment pendant huit jours. Filtrer. Ajouter au produit filtré 5 litres de suc de raisin et mélanger le tout à l'eau-de-vie par un brassage énergique.

La muscade indiquée dans cette recette se décèle aisément au palais et cet aromate n'est pas du goût de tout le monde. On pourra en diminuer la dose ou bien y substituer 5 à 1o grammes de vanille ou de baume de Tolu.

3° Pour un hectolitre d'eau-de-vie au degré de consommation :
Triturer 1o grammes de bonne vanille avec 5o grammes de sucre, les mêler à 2 litres de vieux rhum et autant de vieux kirsch. Laisser infuser pendant 2 jours.

Faire une décoction de 1 litre avec 5o grammes de racine de réglisse pilée, et faire infuser 12o grammes de camomille romaine dans un litre d'eau bouillante. Mêler les deux produits et y ajouter 95o grammes de cassonade de canne. Filtrer les infusions mélangées au rhum ou au kirsch et introduire le tout dans l'eau-de-vie. Brasser avec soin.

On remplacerait la camomille, dont l'odeur peut ne pas plaire, par 3o grammes de cachou pilé, infusé dans le rhum et le kirsch.

4° Pour un hectolitre d'eau-de-vie au degré de consommation :

Vieux rhum . . . . 2 litres.
Infusion alcoolique de brou de noix. . . . . 2 —
Infusion d'amandes amères . . . . 2 —

Verser l'infusion de 15 grammes de cachou pulvérisé et 5 à 8 grammes de baume de Tolu, dans un litre d'esprit à 85 degrés et mélanger à l'eau-de-vie.

7

Après brassage, on ajoute 3 litres de sirop de raisin et 25 grammes d'alcali volatil, puis on agite encore.

Essence de cognac. — Pour un hectolitre d'eau-de-vie à améliorer, prendre :

Cachou pulvérisé.	80 grammes.
Baume de Tolu pulvérisé.	8 —
Sassafras râpé	12 —
Vanille	5 —
Essence d'amandes amères	1 —
Alcool de vin à 85 degrés	1 litre.

Introduire les substances dans l'alcool, après avoir trituré la vanille avec 100 grammes de sucre ; laisser infuser huit à dix jours en agitant fréquemment, et décanter. Ajouter à l'eau-de-vie à traiter, et brasser pendant cinq minutes. Cette sorte de teinture peut être préparée à l'avance en plus grande quantité et conservée pour le besoin.

Extrait de rancio pour vieillir le cognac (maison Deroy). — Prendre 60 grammes de cachou et 8 à 10 grammes de baume de Tolu pulvérisé ; faire infuser pendant deux jours dans un litre d'eau-de-vie à 58/60 degrés ; laisser reposer pendant un jour, et décanter.

Ajouter à la liqueur 25 grammes d'ammoniaque (alcali volatil) et introduire le tout dans l'eau-de-vie, en opérant le mélange par un brassage énergique.

Il convient de remarquer le rôle des astringents dans ces recettes. Lorsqu'on ne se sert pas de cachou, on emploie l'infusion de noix vertes ou de thé vert ; mais il semble qu'il soit nécessaire d'ajouter aux eaux-de-vie une proportion convenable de principes tanniques, lesquels, d'ailleurs, s'y dissolvent et s'y incorporent d'une façon merveilleuse. Ce sont ces principes qui fournissent aux eaux-de-vie le goût de rancio ou de vieillesse qu'elles n'acquerraient autrement que par un long séjour dans des fûts en chêne ; et le brou de noix et le cachou sont ce qu'il y a de mieux et de plus rationnel pour cet effet. Les sirops, surtout celui de raisin, la mélasse de bonne qualité, l'infusion de racine de réglisse, ont pour but d'adoucir les liqueurs. Le baume de Tolu, la vanille, l'écorce d'orange, l'infusion de coques d'amandes amères, ajoutent un bouquet agréable. Le sirop de raisin est préférable pour adoucir les eaux-de-vie, parce qu'il contient de la crème de tartre qui les fait perler, et parce qu'il retient au moins en partie les principes aromatiques du raisin.

Pour imiter l'eau-de-vie d'Armagnac. — Ajouter pour 1 hectolitre de trois-six coupé :

Infusion de brou de noix	1 litre.
— de coques d'amandes amères.	2 —
Sirop de raisin	3 —

Autre manière d'imiter l'Armagnac. — Pour obtenir 100 litres de cette imitation à 49° :

Alcool à 85°, bon goût	50 litres.
Rhum ordinaire	2 —
Eau	40 —
Sirop de raisin à 30°	2 —
Bois de réglisse sec	500 grammes.
Thé noir.	60 —
Crème de tartre	2 —

On a soin de piler le bois de réglisse avec la moitié de la quantité d'eau destinée au mouillage, puis on infuse le thé, en vase clos, dans 10 litres d'eau bouillante, et on dissout ensemble la crème de tartre et l'acide borique dans deux litres d'eau chaude. On mélange ensuite le restant des diverses solutions refroidies, et on filtre légèrement. Puis on colore ensuite.

CHAPITRE X

COMPOSITION DE L'EAU-DE-VIE

66. Les eaux-de-vie, ainsi que nous l'avons fait remarquer déjà, ne contiennent pas que de l'alcool ordinaire (alcool éthylique); elles contiennent aussi, mais en petites quantités [1], d'autres alcools, des éthers, des acides, etc., qui ont passé à la distillation malgré la rectification que l'on a opérée en éliminant les *produits de tête* et les *produits de queue*.

Les produits qui accompagnent l'alcool ordinaire donnent d'ailleurs à l'eau-de-vie un certain goût, un certain arome qui la fait apprécier. Si la rectification était parfaite, on aurait de *l'alcool neutre* que le palais du consommateur n'apprécierait pas autant.

Nous donnons à titre documentaire quelques analyses comparatives d'eau-de-vie [2].

CORPS CONTENUS DANS L'EAU-DE-VIE	COGNAC Ed. Ch. Morin	COGNAC Ed. Mohler	MARC Ed. Mohler	COGNAC Ch. Ordonnand
	Gr.	Gr.		
Extrait		664	100	600
Alcool éthylique . . .	50837	38509	39144	39700
— propylique normal.	27,17			40
— isobutylique. . . .	6,52	80	160	218,6
— amylique	190,20			83,8
Ethers	»	42,20	113,5	50,4
Huile odorante de vin.	7,61	»	»	1,05
Aldéhyde..	traces	1060	136,3	9
Furfurol . . , ...		0,65	0,08	indéter.
Bases et alcaloïdes. . .	2,19	4	1,6	indéter.
Acide acétique	traces			
— butyrique . . .	traces	60	21,6	51
Glycol isobutylénique.	2,19	»	»	indéter.
Glycérine	4,38	»	»	indéter.

1. Quelques-uns de ces produits sont même insaisissables par le chimiste,
2. D'après M. Baudouin.

CHAPITRE XI

MANIPULATIONS SUBIES PAR LES EAUX-DE-VIE

67. *L'eau-de-vie sortant de l'alambic marque 65 à 70 degrés; elle n'est livrée à la consommation qu'après lui avoir fait subir certaines opérations* que nous allons étudier.

68. Correction (addition d'eau). — *Quand elle aura vieilli,* l'eau-de-vie sera ramenée à 48 degrés par une addition d'eau.

Le choix de l'eau à employer est assez important.

On ne doit pas employer les eaux de source *calcaires* qui altèrent les principes odorants accompagnant l'alcool et qui troublent l'eau-de-vie.

L'eau distillée est, sans contredit, la meilleure pour la réduction des alcools et des eaux-de-vie.

L'alambic qui sert à produire l'eau-de-vie peut très bien être utilisé pour la distillation de l'eau dont on a besoin; dans les grandes installations, on peut employer un appareil spécial.

L'eau de pluie est également très bonne pour les coupages parce qu'elle est bien aérée et qu'elle a pu absorber beaucoup d'oxygène; mais il faut faire attention qu'elle ne contienne pas des éléments nuisibles provenant des organes qui ont servi à la recueillir et qu'elle soit toujours bien conservée.

L'*eau bouillie* ne contient presque pas de carbonate de chaux (calcaire) par suite du départ du gaz carbonique[1]; on prétend qu'elle donne à l'eau-de-vie plus de moelleux.

Pratique de la correction. — Il arrive souvent que, même en employant l'eau distillée, l'eau-de-vie se trouble, ce qui provient d'une mauvaise manipulation. Il faut, pour réussir, ajouter par petites portions, en agitant à chaque introduction pour favoriser la combinaison intime avec l'alcool. Si l'eau est versée en une fois, il y a immédiatement de l'huile essentielle mise

---

1. Le carbonate de chaux est insoluble dans l'eau ne contenant pas de gaz carbonique.

en liberté par suite de son insolubilité dans l'eau, et le liquide prend une apparence laiteuse.

Les *tableaux de mouillage* (voir p. 148) *indiquent la quantité d'eau à employer par hectolitre d'alcool pour la réduction de degrés supérieurs à degrés inférieurs.* Exemple : Nous avons de l'eau-de-vie à 73 degrés, nous voulons la ramener à 48 degrés. Nous cherchons 73 degrés dans la colonne des *degrés à réduire* puis, à côté de cette colonne de 73 degrés, le *degré à obtenir*, 48 degrés; à droite de 48 degrés, dans la *colonne des quantités d'eau à ajouter*, nous trouvons 54 litres 4; c'est la quantité d'eau à ajouter.

69. Addition de sirop. — L'eau-de-vie mouillée doit être adoucie par une petite quantité de sirop de sucre, de façon qu'elle ne contienne pas plus de 5 pour 1000 de sucre.

On peut préparer le sirop à froid en mélangeant des parties égales de sucre et d'eau distillée. Pour assurer la conservation du sirop, on lui ajoute de l'eau-de-vie dans la proportion suffisante afin d'éviter les moisissures et la fermentation.

Le sirop préparé à chaud se conserve mieux. On le fabrique dans de grandes bassines en cuivre. La proportion de sucre est un peu moins que le double de l'eau employée ; on clarifie au blanc d'œuf et au papier. Ce sirop est additionné d'eau-de-vie comme le sirop préparé à froid.

70. Addition de caramel. — D'après M. Baudouin[1], certaines régions où l'on exporte les eaux-de-vie de Cognac exigent des eaux-de-vie très colorées. « L'on pourrait obtenir une forte coloration avec le bois des futailles neuves, mais l'eau-de-vie contracterait un

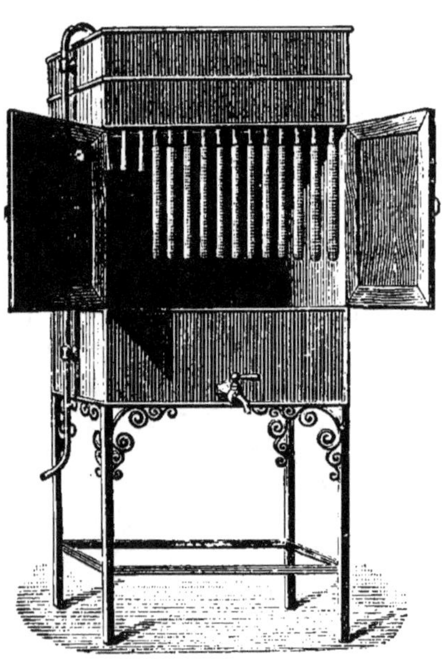

FIG. 50. — FILTRE A MANCHE SIMONETON

---

1. Chimiste à Cognac.

goût désagréable. Pour satisfaire les exigences de leurs clients, les négociants emploient le *caramel* comme colorant. » Ce caramel se prépare comme nous l'avons indiqué page 95.

71. Filtration. — Il se produit quelquefois, au moment des manipulations des eaux-de-vie (additions d'eau, de sirop, etc.), des troubles que l'on peut faire disparaître par filtration.

Pour les filtrages ordinaires, on peut employer une simple chausse en feutre ou en flanelle (filtres à manches, figure 50).

Pour les filtrages plus soignés on peut employer des filtres à pression : filtres à pâte, *filtres à papier, filtres à bougies*. Ces

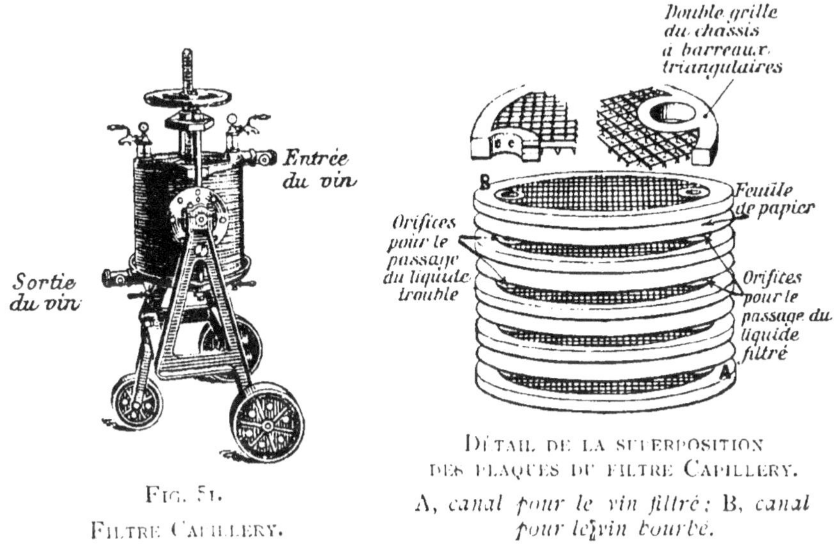

FIG. 51.

FILTRE CAPILLERY.

DÉTAIL DE LA SUPERPOSITION DES PLAQUES DU FILTRE CAPILLERY.

A, *canal pour le vin filtré*; B, *canal pour le vin trouble*.

deux derniers genres de filtres sont préférables aux filtres à pâte pour les eaux-de-vie.

Parmi les *filtres à papier* nous pouvons citer le Filtre Capillery (fig. 51).

Ce filtre est constitué par une série de plaques filtrantes placées les unes au-dessus des autres et serrées fortement dans un corps de presse. Chaque plaque filtrante (2), percée de deux orifices A et B, se compose d'une grille formée de barreaux triangulaires entre-croisés servant, par leurs arêtes, de support à une feuille de papier. En employant un plus ou moins grand nombre de feuilles de papier, on obtient une filtration plus ou moins énergique. La superposition des plaques transforme les orifices A et B en deux canaux, l'un pour le vin trouble, l'autre pour le liquide filtré. Le vin trouble entre par B, filtre à travers le papier et sort en A.

Parmi les *filtres à bougies*, nous pouvons citer le *Filtre Mallié* (fig. 52).

Ce filtre contient un plus ou moins grand nombre de bougies suivant le rendement que l'on veut obtenir. Les bougies sont placées dans une caisse métallique, implantées sur un faux fond ; l'eau-de-vie traverse les poches des bougies, en abandonnant toutes les matières en suspension. Le filtre Mallié indiqué par la figure 52 a été basculé sur le côté, le couvercle enlevé pour montrer les bougies filtrantes autour desquelles doit circuler l'eau-de-vie trouble.

72. Collage. — Dans quelques cas, l'eau-de-vie devient trouble et foncée et la filtration ne suffit pas pour la clarifier ; on est alors obligé d'avoir recours au collage.

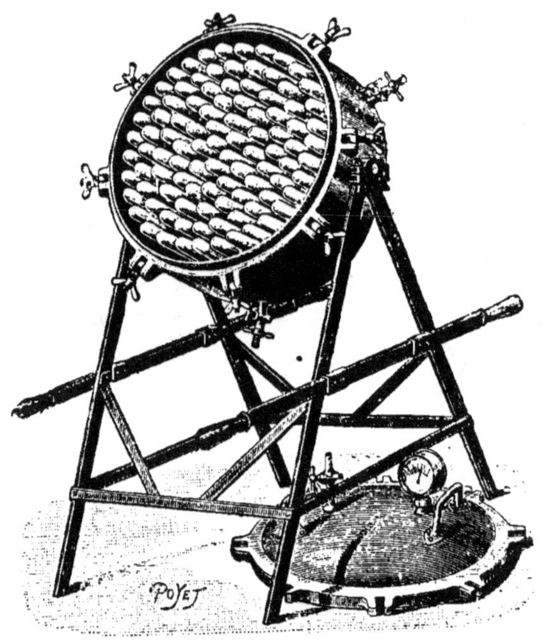

FIG. 52. — FILTRE MALLIÉ A BOUGIES FILTRANTES.

Pour le collage, on emploie différentes substances :

1° Le *blanc d'œuf* : trois blancs d'œuf par hectolitre. On bat ces blancs d'œufs de manière à les amener presque à l'état de neige et on les verse dans le fût en agitant. On laisse ensuite reposer huit à dix jours.

On peut remplacer le blanc d'œuf par de l'*albumine sèche* que l'on trouve dans le commerce : 15 grammes par hectolitre.

2° Le *lait* non bouilli à la dose de 1 litre par hectolitre.

3° La *gélatine* à la dose de 10 à 15 grammes par hectolitre. Il faut n'employer que la gélatine blanche ou la gélatine blonde ; la gélatine *brune* est trop impure. On met les plaquettes de colle à dégorger, pendant douze heures environ, dans de l'eau froide pour qu'elles abandonnent tous les produits odorants qui pourraient communiquer un goût à l'eau-de-vie. On jette ensuite l'eau dans laquelle la colle s'est dégorgée, on verse de l'eau sur cette colle et on chauffe pour faire fondre cette dernière.

73. Le coupage des eaux-de-vie. — Le coupage des eaux-de-vie consiste à mélanger des eaux-de-vie fines avec des alcools neutres. Il se fait souvent avec des alcools d'industrie bien rectifiés, aussi neutres que possible, pour ne pas introduire de mauvais goût dans la masse.

On peut faire le coupage de deux manières différentes : *à froid ou par distillation.*

Coupage à froid. — On mélange simplement à la température ordinaire l'eau-de-vie avec l'alcool en même temps qu'on ajoute de l'eau distillée pour ramener la masse à 50 degrés. Ce procédé n'est pas très pratique ; l'eau-de-vie obtenue manque d'homogénéité et surtout de moelleux.

Coupage par distillation. — Ce procédé est préférable. On met dans la chaudière de l'alambic le mélange d'eau-de-vie et d'alcool que l'on additionne d'eau pour en ramener la force alcoolique à 15 degrés en moyenne.

Le procédé le meilleur et le plus généralement suivi est d'ajouter l'alcool au vin destiné à produire l'eau-de-vie : il s'empare alors des produits éthérés et des parfums contenus en excès dans le vin, il donne une eau-de-vie tellement semblable au cognac naturel, qu'il est impossible, par la dégustation, d'en reconnaître l'origine, à condition toutefois que l'alcool employé soit neutre et en quantité raisonnable. Cette quantité peut aller jusqu'à égaler celle de l'eau-de-vie naturelle.

CHAPITRE XII

MALADIES ET ALTÉRATIONS DES EAUX-DE-VIE

74. *Les maladies et les altérations des eaux-de-vie peuvent provenir soit des vins altérés que l'on distille, soit d'accidents dus au manque de soins et de surveillance.*

75. Maladies et altérations provenant du vin. — Si l'altération du vin affecte les substances fixes (ne passant pas à la distillation), sans production de matières volatiles pouvant accompagner l'alcool, l'eau-de-vie n'aura pas de goût. C'est ce qui se produit pour les vins atteints de la *graisse*, de l'*amertume*. Si la maladie dégage des gaz ou des substances volatiles pouvant passer à la distillation, l'eau-de-vie sera altérée, par exemple, pour les vins atteints d'*acescence* (aigris), ou ayant un goût de moisi, etc. (voir p. 56. Eaux-de-vie de vins altérés et malades).

76. Maladies et altérations accidentelles. — *Eau-de-vie bleue.* — La teinte bleue de l'eau-de-vie provient généralement de la réaction sur le cuivre des vapeurs ammoniacales qui sont dégagées par la distillation. Ces vapeurs ammoniacales sont produites par certaines réactions qui proviennent de mauvaises fermentations ; on les rencontre souvent dans la distillation de fruits qui ont été abandonnés à la fermentation pendant un temps trop long et dans lesquels les fermentations putrides sont développées.

Cette coloration bleue peut disparaître par le temps ; généralement, il suffit de laisser reposer l'eau-de-vie et de la décanter pour la voir disparaître. On peut la coller, soit à la gélatine, à raison de 15 grammes par hectolitre, soit au lait (voir Collage, p. 102).

Goût de feu, goût de cuivre ou de chaudière. — Cet accident provient généralement du coup de feu donné à l'alambic. Pour faire disparaître l'odeur désagréable qui en résulte, il est nécessaire de redistiller l'eau-de-vie réduite à 20 degrés environ par addition d'eau.

Si cette odeur est peu intense, elle peut disparaître d'elle-même au bout de quelques jours, en exposant l'eau-de-vie à l'air et en agitant un peu.

Goût de soufre. — Les soufrages qui sont faits sur les raisins donnent quelquefois à l'eau-de-vie obtenue un goût de soufre que l'on fait disparaître par l'aération et par un traitement au charbon végétal.

La braise de boulanger et le charbon de bois réduits en poudre et agités avec l'eau-de-vie à désinfecter, à raison de un kilo par hectolitre, produisent un excellent résultat; on renouvelle cette agitation deux ou trois fois par vingt-quatre heures pendant plusieurs jours, puis on laisse reposer et on filtre.

Si les eaux-de-vie à traiter sont des eaux-de-vie très fines, il faudra employer le charbon avec modération, car s'il enlève les mauvaises odeurs, il enlève également les bonnes.

Goût de pourri, goût de moisi. — Traitement au charbon comme il est dit ci-dessus.

Goût de bois trop prononcé. — Cet inconvénient disparaît par un collage avec la colle de poisson ou la gélatine; on emploie également l'huile d'olives fraîches, environ 100 grammes par hectolitre. L'huile est agitée avec l'eau-de-vie, comme pour un collage, puis on laisse reposer et on l'enlève à la surface.

En Résumé, en laissant de côté les altérations provenant du produit plus ou moins avarié qu'on a soumis à la distillation, les goûts défectueux sont dus souvent au mauvais entretien des récipients où l'on conserve l'eau-de-vie. Il vaut mieux conserver, pour une consommation réduite, les eaux-de-vie en bouteille plutôt qu'en fût, si on ne s'astreint à les inspecter fréquemment. C'est ce qui arrive à la campagne, où on ne garde que la quantité nécessaire à la consommation courante, et dans ce cas un fût peut prendre le goût de moisi sans qu'on s'en aperçoive, et il est trop tard pour y porter remède.

TROISIÈME PARTIE

LES ALCOOLS D'INDUSTRIE

CHAPITRE XIII

NOTIONS PRÉLIMINAIRES

Nous avons vu, page 2, que les alcools d'industrie se fabriquent avec la betterave, les mélasses, les graines de céréales, les pommes de terre.

Ces matières premières peuvent être divisées en deux catégories :

1° Les **matières sucrées** telles que la *betterave à sucre*, la *mélasse*, qui contiennent du sucre ordinaire (saccharose), fermentant après avoir été transformé principalement en glucose, grâce à une diastase secrétée par la levure elle-même.

2° Les **matières amylacées**, telles que les grains, les pommes de terre, renferment de l'amidon. Cet amidon doit être tout d'abord transformé en sucre (glucose), ainsi que nous l'avons indiqué page 7, avant de subir la fermentation alcoolique.

ALCOOL DE BETTERAVES

77. Importance. — La distillerie de betteraves présente une certaine importance au point de vue économique. L'alcool qui provient de la fermentation du sucre est seul exporté de la ferme. Une partie des matières enlevées au sol par la betterave (matières azotées, minérales, etc.) retourne au sol sous forme de fumier et de vinasses; l'autre partie, constituée par les *pulpes*, forme un résidu d'une très haute valeur pour l'alimentation du bétail.

78. La betterave de distillerie. — La betterave est une plante dont la vie a une durée de deux ans (bisannuelle); elle ne fleurit et ne donne des graines que la deuxième année de sa culture. *La première année*, sous l'influence de la lumière du soleil, la betterave prépare dans ses feuilles, véritables petits laboratoires, une certaine quantité de sucre qu'elle met en réserve avec d'autres matières. C'est la racine de la betterave qui sert de magasins aux réserves.

La *deuxième année* la betterave se sert de ses réserves pour former ses fleurs et produire ses graines.

On ne peut donc obtenir du sucre qu'en traitant la betterave à la fin de la première année, avant que la plante l'ait employé.

La betterave moyenne de distillerie a la composition suivante :

Eau.	85,40
Sucre	2,40
Matières organiques.	11
Cendres (potasse, acide phosphorique, magnésie, etc.).	1,20

Il semble qu'on doive prendre pour la distillerie les betteraves les plus riches en sucre de façon à obtenir le plus d'alcool. Mais il ne faut pas oublier que les *pulpes* ont une valeur très importante. Aussi cherche-t-on surtout, en distillerie agricole, à produire le maximum de pulpes pour l'alimentation des animaux : il en résulte qu'une betterave de richesse moyenne en sucre, mais à grand rendement à l'hectare, est préférable à une betterave très riche à rendement plus faible, puisqu'elle peut donner le même rendement en alcool à l'hectare et fournir des résidus beaucoup plus abondants. Le distillateur doit donc préférer les variétés qui donnent par hectare le plus fort rendement en alcool et en pulpe, sans viser à obtenir les hautes richesses saccharines des betteraves destinées à la sucrerie. Ce sont, en général, des variétés de richesse moyenne produisant beaucoup, et moins exigeantes, au point de vue cultural, que les betteraves très riches.

79. Les différentes opérations à effectuer pour fabriquer l'alcool avec les betteraves sont les suivantes :

1° Le *lavage* et le *nettoyage* des betteraves.
2° L'*extraction du jus sucré*.
3° La *fermentation* du jus.
4° La *distillation* et la *rectification*.

Examinons chacune de ces opérations.

I. — LAVAGE ET NETTOYAGE DES BETTERAVES

80. — Le lavage et le nettoyage ont pour but d'enlever la terre adhérente à la betterave ainsi que les pierres afin de ne pas mettre rapidement hors de service les couteaux des coupe-racines dont nous allons parler (appareils chargés de couper les betteraves en minces lanières).

Un élévateur à hélice prend les betteraves et les amène dans les laveurs. Ces laveurs se composent ordinairement d'une auge métallique dans laquelle tourne un arbre muni d'agitateurs disposés en hélices ; ces agitateurs remuent les betteraves en les frottant énergiquement les unes contre les autres dans un courant d'eau.

Le lavage est complété par un épierrage au moyen d'un épierreur à hélice.

II. — EXTRACTION DU JUS DE BETTERAVES

81. Les méthodes d'extraction du jus de betterave. — Pour l'extraction du jus de la betterave, on emploie trois méthodes distinctes :

1° L'*extraction par râpage et pressurage*. Cette méthode est la plus ancienne ; comme elle est peu pratique, peu économique et qu'elle n'est plus guère employée, nous n'en parlerons pas.

2° L'*extraction par découpage en cossettes et macération*.

3° L'*extraction par découpage en cossettes et diffusion*.

82. Extraction du jus par découpage en cossettes et macération. 1° Découpage des betteraves. — La betterave bien nettoyée est coupée en lames minces en forme de tuiles (fig. 53), appelée cossettes.

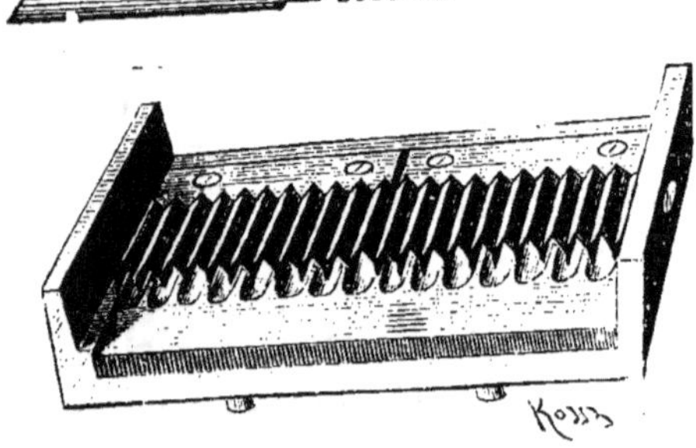

FIG. 53. — COUTEAU AVEC ÉPIERREUR POUR FAIRE LES COSSETTES (SYSTÈME MAGUIN).

Pour obtenir ces cossettes on se sert d'un appareil appelé *coupe-racines* dont la partie principale est soit un plateau horizontal, soit un cylindre portant des couteaux d'acier trempé dont la lame tranchante se profile en zigzags réguliers (fig. 53). La surface du couteau rappelle ce que représenterait une série de toits allongés et disposés les uns contre les autres. A la partie basse de chaque zigzag se trouve une lame verticale chargée de recouper les rubans que le tranchant horizontal et ondulé du couteau détache de la betterave. Les cossettes ainsi produites ont la forme d'un toit, ce qui leur a fait donner le nom de *cossettes faîtières*.

La figure 54 montre un coupe-racine à plateau horizontal (système Egrot) avec la disposition des couteaux. Un coupe-racine très employé est le *coupe-racine Champonnois* (fig. 55).

Il est formé d'un tambour horizontal B percé de fenêtres longitudinales sur les bords desquelles on peut fixer les couteaux. Une trémie C permet de diriger les betteraves dans l'intérieur du tambour, et on les projette contre les couteaux *a* au moyen

FIG. 54. — COUPE-RACINES A PLATEAU HORIZONTAL.

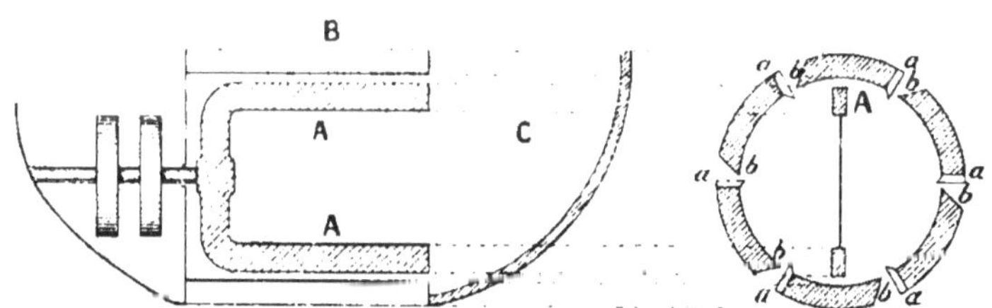

FIGURE 55. — FIGURE THÉORIQUE DE LA RAPE CHAMPONNOIS.

A, *poussoir*; B, *tambour sur lequel sont fixés les couteaux*; a, a..., *couteaux*; b, b..., *fenêtres du tambour*.

d'un *contre-butteur* A, affectant la forme d'une fourche et qu'on appelle le *poussoir*. Les couteaux découpent la betterave en *cossettes* qui sortent par les fenêtres du tambour (*b*).

2° **Macération des cossettes. — Principe. —** *Expérience*[1] (fig. 56).

---

1. Cette expérience est due à M. Dutrochet.

— Dans une vessie de porc ramollie par immersion dans l'eau, on enferme de l'eau sucrée. Cette vessie étant plongée dans un vase contenant de l'eau ordinaire, au bout de quelque temps, on constate que l'eau ordinaire du vase est sucrée.

Une partie de la dissolution sucrée contenue dans la vessie est passée à travers la membrane pendant que de l'eau ordinaire du vase a pénétré dans la vessie, il y a eu double courant, c'est le phénomène de la *diffusion*.

Considérons maintenant la betterave : quand on coupe une tranche extrêmement mince de celle-ci et qu'on l'examine au microscope, on voit qu'elle est formée d'une foule de petits compartiments ou cellules accolées les unes aux autres. Ces

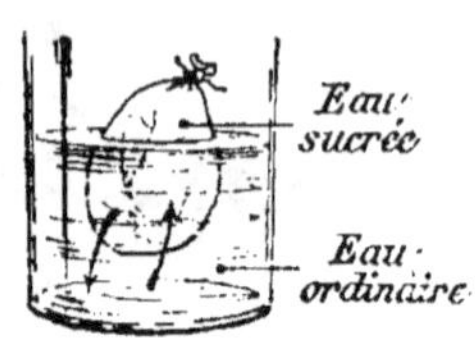

Fig. 50. — Principe de la diffusion.

cellules que l'on ne peut voir à l'œil nu sont pleines d'un liquide sucré ; on peut les considérer comme autant de petites vessies. Par conséquent, si l'on met dans de l'eau ordinaire, une tranche mince de betterave, une partie du sucre et des matières étrangères solubles que contiennent les cellules passent dans l'eau et l'équilibre est atteint quand le liquide qui se trouve dans ces cellules a la même composition que le liquide extérieur. On extrait ainsi une certaine proportion de sucre. Si ensuite on remplace l'eau chargée de sucre que l'on vient d'obtenir (*ou jus*) par une nouvelle quantité d'eau pure mise sur les cossettes, le même phénomène se reproduit. On conçoit donc que l'on puisse, au bout d'un certain nombre d'opérations de ce genre, extraire tout le sucre contenu dans les cossettes.

Pratique de la macération. — La macération peut être *intermittente* ou bien *continue*. On opérait autrefois par macération continue, puis on a préféré la macération intermittente, et aujourd'hui on tend à revenir au premier procédé.

Dans la macération intermittente, on laisse en contact pendant une heure les cossettes avec les *petits jus* acidulés. Au bout de ce temps on fait couler de la vinasse chaude provenant de la colonne à distiller. Cette vinasse s'enrichit en sucre et forme un *jus*. Lorsque l'épuisement en sucre est suffisant, on arrête l'opération et le liquide qui reste dans le *macérateur* forme ce que l'on nomme le *petit jus*, qui servira pour une nouvelle cuve.

Dans la *macération continue ou méthodique*, on dispose, en général, de cinq cuves, au moins trois, et on fait circuler méthodiquement les jus de l'une à l'autre de ces cuves.

Supposons trois cuves de macération 1, 2, 3 reliées entre elles par une tuyauterie portant les robinets *a b c d e f* (fig. 57).

La cuve 1 reçoit une charge de *cossettes*. On envoie par A de la vinasse provenant de la colonne à distiller, et on laisse le contact s'établir pendant 1 heure, tous les robinets étant fermés. La diffusion s'opère et l'eau se charge de sucre.

Pendant ce temps on charge la cuve 2 avec des cossettes. L'heure étant écoulée, on met en communication les cuves 1 et 2 (*a* ouvert). On fait couler par le tube A de la vinasse sur

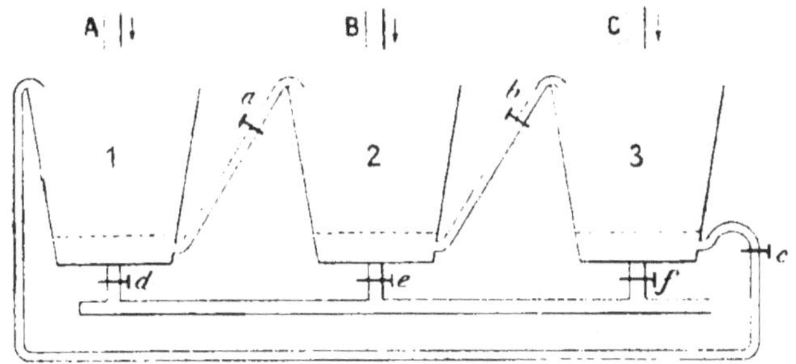

Fig. 57. — FIGURE THÉORIQUE MONTRANT LA MACÉRATION.

a, b, c, d, e, f, tuyauterie reliant les cuves de macération; **A, B, C,** *tubes d'écoulement pour l'eau et les vinasses.*

la cuve 1, de façon à chasser le jus de la cuve 1 dans la cuve 2. Lorsque la cuve 2 est remplie, on laisse macérer 1 heure : il est évident que le jus s'enrichira encore d'une certaine quantité de sucre.

Pendant ce temps on charge la cuve 3 avec des cossettes. L'heure étant écoulée, on met en communication les cuves 2 et 3 (*a* ouvert). On fait couler par le tube A de la vinasse sur la cuve 1, de façon à chasser le jus de la cuve 2 dans la cuve 3. Lorsque la cuve 3 est remplie, on laisse macérer 1 heure : le jus s'enrichit encore en sucre.

Au bout d'une heure, on fait couler de la vinasse sur la cuve 1 par le tube A, et on évacue, en ouvrant le robinet *f* (*d* et *e* fermés), le jus riche de la cuve 3, déplacé par la quantité de vinasse introduite dans la cuve 1.

On fait alors évacuer le liquide de la cuve 1 (petit jus) et on extrait les cossettes épuisées, qui, égouttées, puis mélangées à des menues pailles serviront à l'alimentation du bétail. On charge le numéro 1 avec des cossettes neuves.

Le numéro 2 devient alors *tête de batterie* et le numéro 1 *queue de batterie.*

On recommence ensuite les opérations. C'est-à-dire que l'on envoie par le tube B de la vinasse ou des petits jus réchauffés, de façon à déplacer le liquide de la cuve 3 et à l'envoyer sur 1. Après macération d'une heure, on envoie de la vinasse

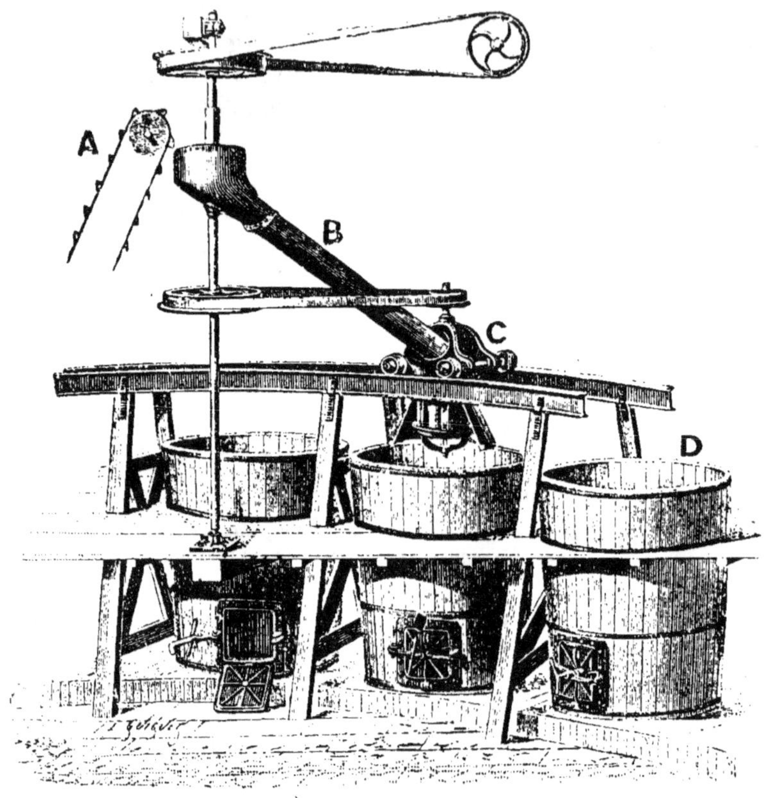

FIG. 58. — VUE D'UNE PARTIE D'UNE BATTERIE DE MACÉRATION.

A, *élévateur de betterave*; B, *gouttière tournante*; C, *coupe-racine*; D, *cuve de macération*.

et des petits jus sur la cuve 2, de façon à épuiser cette cuve et ainsi de suite : chaque cuve devient ainsi à son tour tête de batterie.

La figure 58 représente une batterie de macérateurs.

« L'avantage de la macération méthodique sur la macération intermittente vient de ce que l'on peut avec un même poids de betteraves obtenir, non pas une plus grande quantité de sucre, mais une quantité de jus moins considérable, ce jus étant naturellement plus concentré. Au lieu de faire écouler, pour épuiser 1000 kilos de betteraves par exemple, 18 hectolitres de jus, on n'en fera couler que 14, mais ce jus sera plus concentré. La conséquence sera que l'on pourra au moyen des mêmes appareils travailler plus vite, et distiller en 24 heures une quantité plus grande de betteraves. »

Acidification du jus au moment de la macération. — C'est au moment du chargement des *macérateurs* que se fait l'*acidification*, laquelle a pour but d'acidifier les jus. Il est nécessaire, en effet, d'ajouter un acide, qui, d'abord, décompose les sels organiques des jus, et forme un milieu où la levure se développe bien. C'est pourquoi on a préparé à l'avance une solution faible d'acide sulfurique, que l'on répand d'une façon aussi homogène que possible sur les cossettes. On obtient un jus ayant 2 gr. 50 environ d'acidité par litre.

83. Extraction du jus par découpage en cossettes et diffusion. — 1° Découpage des betteraves en cossettes. — Il se fait

absolument comme dans la méthode par macération (voir p. 109, fig. 53 et 54).

2° **Diffusion.** — Dans la méthode par macération que nous venons d'étudier, la circulation des jus ne se fait pas toujours très bien ni assez rapidement.

On obtient de meilleurs résultats si l'on substitue aux cuves à macération ouvertes des récipients fermés munis d'appareils réchauffeurs et dans lesquels l'épuisement se fait par l'eau ou la vinasse *sous pression.*

Ces appareils s'appellent *diffuseurs* et la méthode porte le nom de *diffusion.*

La diffusion repose sur le même principe que la macération. La vinasse coule sur le diffuseur qui contient les cossettes les plus épuisées, passe de diffuseur en diffuseur, en s'enrichissant en sucre, et traverse en dernier lieu le diffuseur chargé de cossettes fraîches. Le jus ainsi obtenu est envoyé en fermentation. La circulation des jus est assurée par la pression que donne la vinasse qui se trouve dans un bac situé à quelques mètres de hauteur. Le chauffage des jus se fait, soit au moyen de calorisateurs, soit au moyen d'injecteurs de vapeur. Un calorisateur est placé entre chaque diffuseur et le diffuseur suivant : le chauffage est produit par un serpentin ou par un faisceau tubulaire. L'injecteur de vapeur est préférable, car il accélère la circulation et réduit l'espace dans lequel le jus n'est pas en contact avec les cossettes.

L'*acidification* dont nous avons parlé à propos de la macération (p. 114) doit se faire sur le diffuseur de tête en répartissant le mieux possible cet acide dilué sur les cossettes fraîches. On combat ainsi les fermentations secondaires qui prennent facilement naissance dans le premier diffuseur, où la température

Fig. 59. — Batterie de diffusion circulaire avec vidange latérale.

n'est pas assez élevée pour s'opposer au développement des ferments.

La figure 59 représente une vue d'ensemble d'une batterie de diffusion système Egrot.

L'extraction des jus de betteraves par diffusion est la méthode qui permet d'obtenir le plus fort rendement en sucre et, par suite, en alcool. On produit, en outre, des jus de densité élevée dont le travail est moins coûteux. Cette méthode présente enfin l'avantage de réduire considérablement la main-d'œuvre et la force motrice, et les perfectionnements qu'elle a subis dans ces dernières années la rendent aujourd'hui tout à fait pratique.

84. Pressurage des cossettes épuisées.

— Les cossettes épuisées sont soumises au pressurage pour les débarrasser de leur excès d'eau et afin de les utiliser pour l'alimentation des animaux de la ferme. On emploie pour cette opération la *presse Klusemann*, modifiée par *Bergren* (fig. 60).

Cette presse est formée d'un arbre vertical en fonte qui affecte une forme conique et qui porte a sa surface des palettes disposées suivant une helice.

Les cossettes tombent dans la trémie qui forme la partie supérieure de la presse, sont entraînées par le mouvement des palettes, sont obligées d'occuper un espace de plus en plus res-

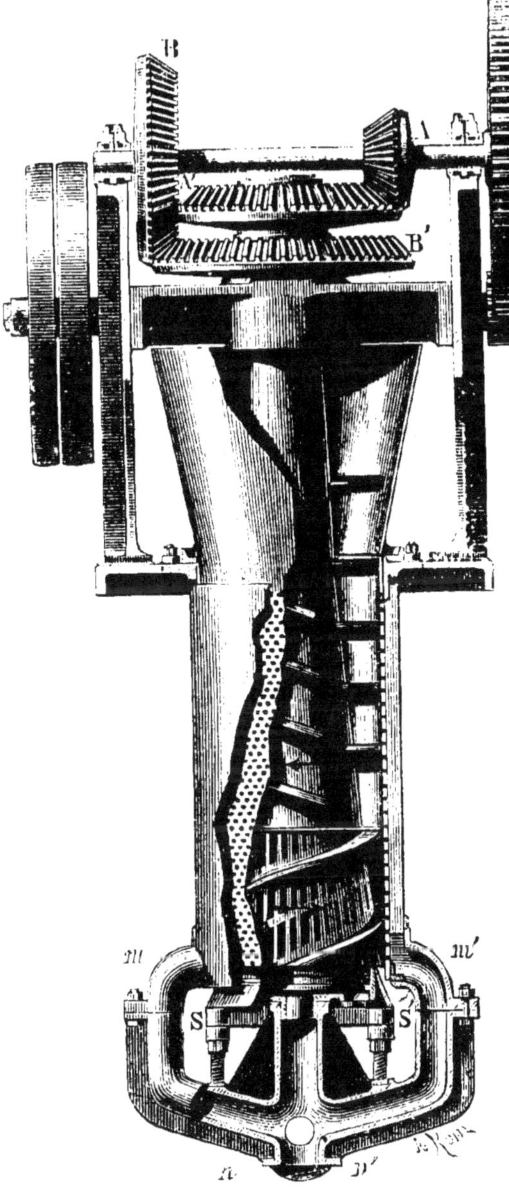

FIG. 60. — PRESSE A COSSETTES, SYSTÈME KLUSEMANN MODIFIÉE PAR BERGREN.

m, n. et m', n', *tuyaux pour l'écoulement de l'eau provenant des cossettes.*

treint, se serrent les unes contre les autres et abandonnent leur eau qui s'écoule entre les deux parois cylindriques pour s'écouler ensuite par les tuyaux latéraux *mn*, *m'n'*. Quant à la pulpe, elle s'échappe à travers un espace annulaire qui se trouve déterminé par la partie inférieure du cône SS', relevée ou abaissée au moyen d'écrous, de façon à diminuer ou augmenter \et espace annulaire.

A la base du cône se trouve une pièce garnie d'un ruban hélicoïdal qu tourne en sens inverse de l'arbre conique et qui vient alors faire subir à la cossette un mouvement de torsion.

III. — FERMENTATION DU JUS

85. — Le jus riche titrant de 5 à 9 degrés Baumé est envoyé dans les cuves à fermentation à une température d'environ 25 degrés.

Rappelons qu'une matière sucrée doit subir la fermentation alcoolique qui transforme le glucose en alcool. La betterave apporte du sucre de canne (saccharose). Mais ce sucre est rapidement *inverti*, c'est-à-dire transformé en un mélange de glucose et de lévulose fermentescible, par l'*invertine* apportée par la betterave elle-même. De sorte qu'en définitive, la fermentation alcoolique se développe; qu'on la favorise en lui donnant un milieu acide au moyen de l'acide sulfurique. Dans un pareil milieu, par contre, les fermentations secondaires nuisibles, telles que les fermentations lactique et butyrique, se développent mal.

Le liquide sucré est donc, à sa sortie des macérateurs ou des diffuseurs, soumis à la fermentation alcoolique. Toutes les cuves ne sont pas ensemencées, et on établit d'abord ce que l'on appelle un *pied de cuve*.

Pour cela on ajoute, par exemple, à la première cuve qui renferme 3 hectolitres de jus, une certaine quantité de levure de bière (5 kilogr. par exemple). La fermentation se déclare et peu à peu on complète la cuve avec du jus riche. Au bout de vingt-quatre heures, la cuve en pleine fermentation est *coupée*, ce qui veut dire que la moitié de son contenu est évacué dans une cuve vide. On complète les deux moitiés avec du jus riche et on abandonne le tout à la fermentation.

La fermentation étant terminée dans la première cuve, on envoie le liquide alcoolique à la distillation. Puis on coupe la deuxième cuve comme on a fait pour la première et ainsi de suite.

Pour éviter les fermentations secondaires, on doit avoir soin de nettoyer à la brosse chaque cuve après sa vidange.

La figure 61 représente une vue d'ensemble d'une distillerie :

1° FORCE MOTRICE. — A, cheminée du générateur de vapeur; B, générateur de vapeur; C, machine à vapeur.

2° EAU. — D, pompe à eau pour élever l'eau dans des réservoirs E pour le service de l'usine.

3° LAVAGE ET ÉPIERRAGE DES BETTERAVES COUPE-RACINES. — F, élévateur recevant au niveau du sol les betteraves sales apportées par le wagonnet

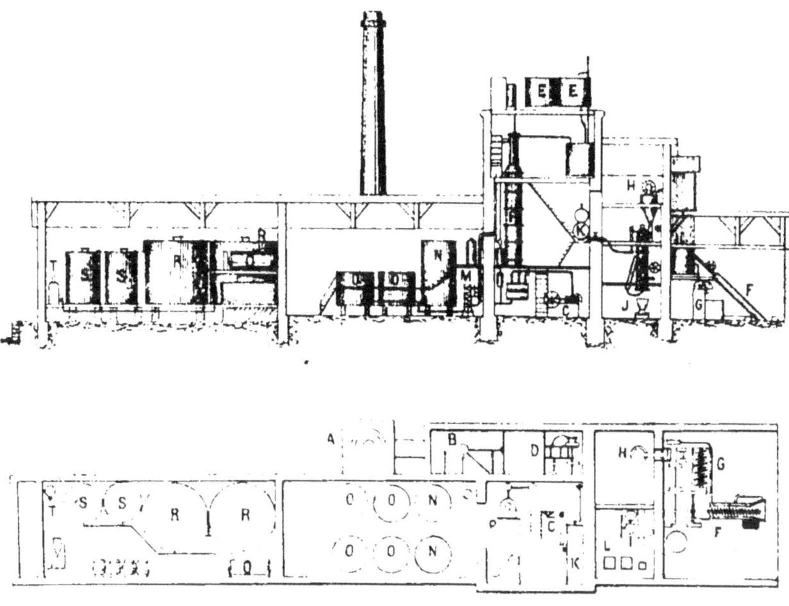

FIG. 61. — VUE EN ÉLÉVATION ET EN PLAN D'UNE DISTILLERIE DE BETTERAVES PAR DIFFUSION INSTALLÉE PAR LA MAISON EGROT.

d'amenée pour les élever dans le laveur : G, laveur pour assurer le nettoyage des betteraves; ces dernières sont ensuite montées au coupe-racines par l'élévateur; H, coupe-racines à plateau horizontal produisant des cossettes.

4° DIFFUSION SIMPLIFIÉE. — I, diffuseurs rangés en ligne au nombre de six, constituant la diffusion simplifiée (système Guillaume et Egrot et Grange); un transporteur horizontal distribue les cossettes fraîches dans cette batterie de diffusion; J, wagonnet sur rails pour recevoir les pulpes des diffuseurs et les conduire aux silos; K, récipient pour recevoir à la fois la vinasse et l'air comprimé destinés au service de la diffusion; L, bacs mesureurs du jus sortant de la diffusion; ces bacs sont placés au-dessus d'un petit réservoir d'attente qui permet de tamiser le jus et de l'aérer avant de l'envoyer à la fermentation.

5° FERMENTATION CONTINUE. — (Système Guillaume et Egrot et Grangé); M, récupérateur-réfrigérant combiné pour refroidir les vinasses vers 75 à 80 degrés, et en récupérer la chaleur au profit des vins fermentés allant à l'appareil de distillation-rectification directe, et pour refroidir vers 25 degrés e jus allant à la fermentation; ce récupérateur réfrigérant est à faisceaux tubulaires multiples et démontables; N, cuves de fermentation principale recevant tout le jus frais provenant de la diffusion pour lui faire subir la fermentation continue; O, cuves de chute et de liquidation recevant le vin sor-

tant des cuves de fermentation principale pour laisser tomber complètement
la fermentation de ce vin et pouvoir l'envoyer ensuite à l'appareil de distillation-rectification directe.

6° DISTILLATION. RECTIFICATION DIRECTE. — P, appareil de distillation-rectification directe, système Guillaume breveté s. g. d. g., type simplifié, spécial
pour les distilleries agricoles); Q, réservoir de dégustation recevant l'alcool
rectifié sortant de l'appareil de distillation-rectification directe ; R, grands
réservoirs pour recevoir et moyenner l'alcool rectifié dont la qualité a été
vérifiée dans les récipients intermédiaires; Q, S, réservoirs pour l'alcool
propre à la dénaturation ; T, dépotoir pour les fûts ; V, bascule.

ALCOOL DE TOPINAMBOUR

86. Le topinambour, plante des terrains pauvres, renferme
une variété d'amidon, l'*inuline*, susceptible d'être transformée
en glucose par l'action de l'acide sulfurique. C'est là un phénomène de *saccharification*. On peut donc obtenir un liquide
sucré qui, soumis à la fermentation alcoolique, fournira un
produit distillable.

La fabrication de l'alcool de topinambour ne diffère pas sensiblement de celle de l'alcool de betterave. On lave les tubercules, on les râpe ou on les débite au coupe-racines Champonnois, on les fait macérer, on met les jus obtenus en fermentation au moyen de la levure et on distille.

On utilise les tubercules épuisés, ou *pulpe*, et les fanes pour
l'alimentation du bétail.

ALCOOL DE MÉLASSE DE SUCRERIE

87. Préparation du moût de mélasse. — La mélasse est
un résidu de la fabrication du sucre ordinaire ou saccharose[1].

La mélasse contient encore une proportion importante de
sucre. Voici sa composition moyenne[2] :

Eau.	27,5
Saccharose	48
Sucre réducteur.	0,5
Sels.	12
Matières organiques	12
Total.	100

---

1. Lorsqu'on a extrait au moyen des turbines le sucre cristallisé contenu
dans le sirop provenant de la cuite en grains, il reste, en dernière analyse, un
liquide épais dans lequel le sucre ne peut arriver à une grosseur suffisante
pour être turbiné, c'est la *mélasse*.

2. Lindet.

La quantité notable de sucre qu'elle renferme peut être extraite (*sucralerie*)[1], sous forme de sucrate de chaux, ou bien transformée en alcool. Mais la masse est une de celles qui se prêtent peu à la fermentation, à cause de sa structure pâteuse, de la présence de certains sels, de sa réaction nettement alcaline et des produits empyreumatiques qui ont pris naissance pendant la *cuite* du sucre, produits qui semblent contrarier le développement de la levure de bière.

Pour ces raisons, la mélasse doit subir les quatre opérations suivantes :

1° *Dilution de la mélasse*; 2° *acidification*; 3° *chauffage*; 4° *refroidissement*.

1° **Dilution de la mélasse.** — On mélange intimement la mélasse avec de l'eau, de manière à la ramener à 20 ou 30 degrés Baumé.

2° **Acidification de la mélasse.** — La mélasse a une réaction alcaline défavorable à la levure en favorisant le développement des mauvais ferments. De plus, elle contient des nitrites qui peuvent se décomposer, et dont on doit se débarrasser. On peut détruire l'alcalinité des mélasses et décomposer ces nitrites par l'acide sulfurique.

La dose d'acide à ajouter varie suivant l'alcalinité de la mélasse et suivant l'acidité que l'on veut obtenir avant la fermentation. Elle est généralement comprise entre 1 kil. 5 et 2 kilogrammes d'acide sulfurique par 100 kilogrammes de mélasse, ce qui donne plus tard, après le *chauffage*, une acidité de 2 grammes à 2 gr. 5 par litre.

3° **Chauffage de la mélasse.** — La mélasse acidifiée est portée à l'ébullition en y injectant de la vapeur. Ce chauffage a pour but la stérilisation de la masse, la destruction des nitrites et l'élimination des acides volatils.

L'ébullition dure un quart d'heure. Pendant l'opération on fait agir un courant d'air qui entraîne les matières volatiles.

« Le chauffage à l'ébullition en présence des acides organiques mis en liberté par l'acide sulfurique, a pour résultat la transformation partielle du saccharose de la mélasse en glucose, sucre directement fermentescible.

4° **Refroidissement de la mélasse.** — La mélasse ainsi diluée, acidifiée, puis chauffée, est refroidie avec un réfrigérant à la température nécessaire pour la fermentation, 20 à 25 degrés. La densité du moût obtenu doit être de 8 à 10 degrés Baumé.

---

1. Voir la *Fabrication du sucre*, par Pagès (*Encyclopédie agricole pratique*).

88. Fermentation. — Le moût, préparé comme nous venons de l'indiquer, ne contient pas les éléments nutritifs nécessaires au développement des levures. Aussi est-on obligé d'y ajouter du maïs saccharifié contenant des matières azotées.

Ce maïs saccharifié est préparé en faisant agir de l'acide sulfurique ou de l'acide chlorhydrique sur du maïs[1], l'amidon de ce maïs est transformé en sucre fermentescible.

Le fabricant ne met pas en fermentation, en une seule fois, tout le moût de mélasse. Il prépare *un pied de cuve*.

Si, par exemple, on veut établir la fermentation de 5000 kilogrammes de moût, le *pied de cuve* se prépare avec le 1/10ᵉ de moût, soit 500 kilogrammes, de la manière suivante : on fait agir 40 kilogrammes d'acide sulfurique mélangé avec 1 hectolitre d'eau sur 200 kilogrammes de maïs pour le saccharifier; on ajoute ensuite 500 kilogrammes de mélasse et 30 hectolitres d'eau, puis enfin les levures pour faire entrer le tout en fermentation.

Cette fermentation se déclare au bout de 10 à 15 heures. Lorsqu'elle est bien partie, on ajoute alors le restant de la mélasse, soit 4500 kilogrammes de mélasse avec 300 hectolitres d'eau acidulée. La fermentation totale est généralement terminée au bout de 36 heures, on procède alors à la distillation.

89. Distillation et rectification. — (Voir p. 12 et 24).

90. Utilisation des vinasses de mélasses. — Lorsque le vin de mélasse a cédé à la distillation tout son alcool, le liquide restant appelé *vinasse* renferme encore des sels minéraux et organiques, en particulier des sels de potasse.

Ces sels de potasse représentent une certaine valeur, et on a cherché à les extraire. Pour cela, on calcine la vinasse dans des fours et on obtient en définitive le *salin* de betterave, renfermant de 20 à 25 pour 100 environ de carbonate de potassium, 20 pour 100 de chlorure de potassium, et 15 pour 100 de sulfate de potassium.

Ces divers produits sont livrés bruts ou raffinés au commerce. On a pu en retirer aussi des goudrons et des eaux ammoniacales qui, de même que les eaux des usines à gaz, peuvent fournir, soit de l'ammoniaque, soit du chlorure d'ammonium.

---

1. Voir Principe de la transformation de l'amidon en glucose sous l'action des acides.

CHAPITRE XIV

ALCOOL DE GRAINS

91. Principe de la préparation de l'alcool de grains. — L'alcool de grains s'obtient en principe de la manière suivante : 1° On transforme l'*amidon*, ou matière amylacée, contenu dans les grains, en *glucose* ou sucre fermentescible ; cette opération s'appelle *saccharification* ; 2° le *moût* obtenu, riche en glucose, est mis en *fermentation* ; il se transforme en liquide alcoolique, ou *vin* ; 3° le liquide alcoolique, ou vin, est *distillé* ; 4° l'alcool impur obtenu, ou *flegme*, est *rectifié*.

92. Saccharification de l'amidon des grains. — La saccharification peut se faire par deux procédés :

1° Ou bien par les acides minéraux (acides sulfurique, chlorhydrique, etc.) ;

2° Ou bien par le malt.

Le principe de la *transformation de l'amidon par les acides minéraux* a été indiqué page 12.

La transformation de l'amidon par le malt demande quelques détails : l'expérience montre que, pendant la germination de certaines graines et en particulier de l'orge, il se développe une *diastase*, ferment non figuré, capable sous un poids très petit de transformer l'amidon de l'orge en un sucre fermentescible, *le maltose*[1]. Avant que la transformation soit complète, on arrête la germination de l'orge en la portant dans de grandes étuves à air sec qu'on appelle des *tourailles* : on obtient un produit dur, cassant, qui est le *malt* dans lequel se trouve la diastase.

De là deux procédés principaux dans la fabrication de l'alcool de grains :

Procédé de saccharification aux acides ;

Procédé de saccharification au malt.

1° Procédé de saccharification aux acides. — On utilise dans ce cas les grains avariés, ou le maïs, et on emploie pour la saccharification une proportion variable d'eau et d'acide sulfu-

---

1. Très voisin du saccharose.

rique (ou chlorhydrique) suivant qu'on opère à l'air libre ou sous pression.

A l'air libre : 100 kilogrammes de graines nécessitent l'em-

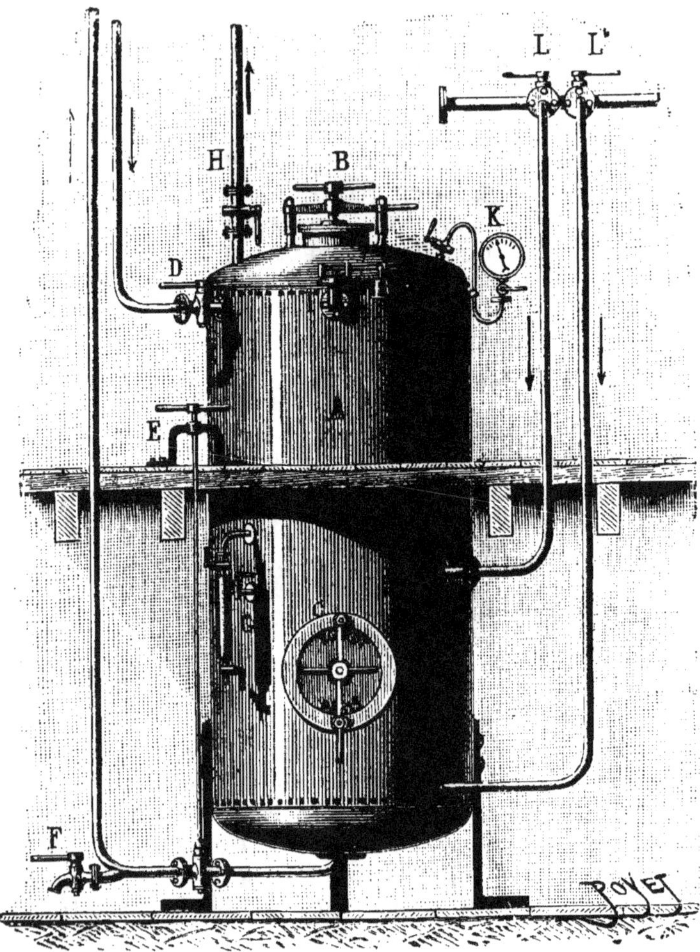

FIG. 62. — APPAREIL A SACCHARIFIER PAR LES ACIDES (DIT « RUGER »)
(POUR LES GRAINS ET LES POMMES DE TERRE).

A, *Saccharificateur en cuivre épais contenant une grille intérieure en cuivre pour recevoir les graines ; B, tampon de chargement ; C, tampon de vidange ; D, arrivée des jus ; E, clé de manœuvre du robinet de départ des moûts saccharifiés ; F, robinet de vidange ; G. éprouvette de prise d'essai d'air et de vapeur ; H. robinet d'échappement ; I, soupape de sûreté ; K, manomètre ; L, L', robinet d'arrivée de vapeur.*

ploi de 500 kilogrammes d'eau et 5 kilogrammes d'acide sulfurique (ou 10 kilogrammes d'acide chlorhydrique).

Sous pression : 200 kilogrammes d'eau et 2 kilogr. 500 d'acide sulfurique (ou 5 kilogrammes d'acide chlorhydrique).

L'opération se fait à chaud dans des appareils appelés *cuiseurs* (fig. 62) : le grain d'amidon se gonfle, puis se transforme en *glucose*.

Quel que soit le procédé employé, on se trouve en présence d'un liquide trop dense et trop acide pour que la fermentation se développe bien. On dilue alors ce liquide dans l'eau et on

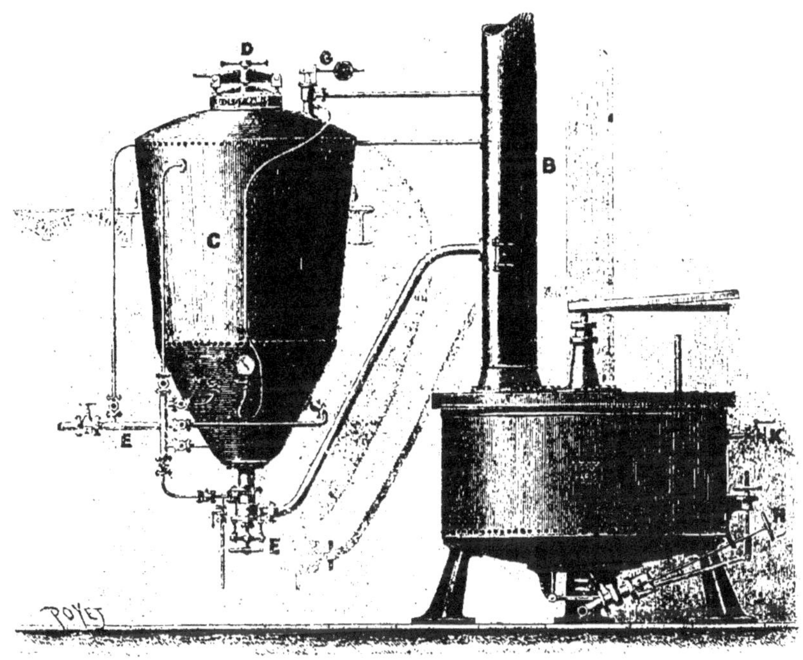

FIG. 63. — APPAREIL A SACCHARIFIER, MACÉRATEUR PAR LE MALT.
(POUR LES GRAINS ET LES POMMES DE TERRE.)

A, *macérateur (sorte de cuve-matière) en tôle munie d'un agitateur-triturateur mécanique et d'une puissante surface de réfrigération* ; B, *cheminée d'échappement des vapeurs dans laquelle se trouve placé un exhausteur destiné à faciliter ce dégagement et à produire une circulation telle qui aide au refroidissement des jus* ; C, *cuiseur saccharificateur pour la saccharification* ; D, *tampons de chargement* ; E, *vanne de vidange* : F, *arrivée de vapeur* ; G, *soupape d'échappement* ; H, *soupape de vidange du macérateur* ; I, *vis de réglage du triturateur* ; K, *robinet d'arrivée d'eau.*

sature au moyen de la craie une partie de l'acide qu'il contient, jusqu'à ce qu'il n'ait plus que 3 grammes d'acidité par litre.

Le moût obtenu est porté à une température d'environ 25 degrés pour qu'il puisse entrer en fermentation.

100 kilogrammes de maïs fournissent un rendement de 35 litres d'alcool environ à 95 degrés.

2° **Procédé de saccharification au malt.** — Le malt est formé par de l'orge germée qui, dans la plupart des cas, a été desséchée dans une *touraille*. C'est le *malt sec*, mais on peut se dispenser du touraillage et employer le *malt vert*, à la condition toutefois d'opérer en peu de temps, car le malt vert se conserve mal. Le seigle, l'avoine peuvent être aussi utilisés.

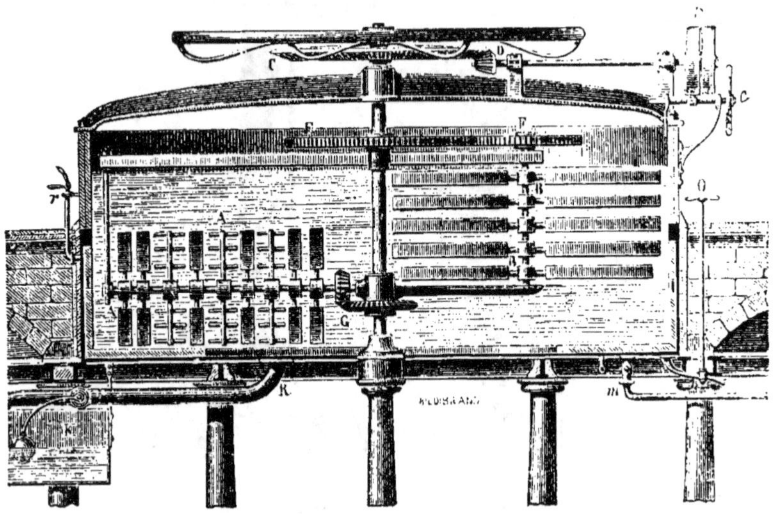

FIG. 64. — CUVE-MATIÈRE (COUPE).

Toutes ces graines germées apportent la *diastase qui servira à transformer l'amidon en glucose*.

La matière première est le maïs, en général, et comme il est difficilement attaquable par la diastase, on prend la précaution de le faire cuire : on forme ainsi un *empois d'amidon*.

Cet empois d'amidon est mis en présence du malt dans une cuve munie d'agitateurs puissants, dite *cuve-matière*, appelée quelquefois *macérateur* (fig. 63), analogue à la cuve de brasserie (voir la coupe fig. 64). La masse est brassée dans tous les sens.

Refroidissement du moût. — A la sortie de la cuve-matière, le moût saccharifié est refroidi sur un réfrigérant à eau froide, formé en principe d'une série de tubes sur lequel coule le moût, et dans lesquels on fait circuler un courant d'eau froide.

On emploie aussi quelquefois, pour le refroidissement, de grands bacs circulaires refroidis à la partie inférieure par un courant d'eau. Un système de palettes permet d'agiter constamment la masse et l'évaporation est activée par deux grandes ailettes qui se déplacent au-dessus du liquide.

Fermentation. — Le moût refroidi est mis en fermentation avec la levure de bière (environ 500 grammes de levure pour 100 kilogrammes de grains) ; la masse pâteuse a été étendue de vinasse au préalable, pour permettre à la levure de se développer facilement.

Lorsque la fermentation est finie, on envoie le liquide clair obtenu dans la colonne à distiller.

La levure elle-même peut être récoltée, et il s'en produit d'autant plus que la cuve de fermentation présente à l'air une surface plus grande.

Il reste une drèche qui peut être utilisée pour l'alimentation du bétail.

93. Comparaison entre la saccharification par le malt et la saccharification par les acides.

— Ces procédés présentent tous deux des avantages et des inconvénients : « Le procédé qui emploie l'orge germée[1], *le malt*, a sur l'autre procédé l'avantage de fournir une drèche, c'est-à-dire un résidu ligneux, cellulosique, empâté de matières azotées et de matières minérales, qui constitue pour le bétail un aliment de premier ordre, tandis que l'on peut difficilement recueillir la drèche des grains saccharifiés à l'acide. Cette drèche a en effet été réduite par la cuisson en une bouillie si épaisse que l'on ne saurait guère songer à la séparer par filtration. *Le procédé au malt donne donc de la drèche, le procédé à l'acide n'en donne que difficilement.*

« En outre, quand on travaille au malt, on peut recueillir la levure qui s'est formée pendant la fermentation. Il est au contraire impossible de la séparer du magma pâteux que l'on a produit quand on a saccharifié la graine au moyen de l'acide.

« Pour ces deux raisons, la distillerie de grains qui fait appel à la diastase du malt pour obtenir un moût fermentescible paraît au premier abord plus avantageuse et plus rémunératrice que la distillerie qui, pour le même objet, fait appel à l'acide. Mais cette dernière emploie comme agent saccharificateur une matière d'un prix beaucoup moins élevé que la première, et ce qu'elle perd d'un côté, elle le gagne de l'autre. C'est principalement dans les ports, là où le prix des graines étrangères, du maïs principalement, n'est pas grevé par des frais de transport exagérés, que l'on voit s'exercer le procédé à

---

1. Lindet.

l'acide. C'est au contraire dans les centres agricoles, là où l'écoulement de la drèche peut se faire à un prix rémunérateur que l'on rencontre des distilleries travaillant par l'autre procédé. »

94. Composition de la drèche de grains (saccharification par le malt) (maïs, seigle, malt), d'après M. Grandeau :

```
Matières azotées. . . . . . . . . . . . . . .   18,9
Cellulose. . . . . . . . . . . . . . . . . . .   27,3
Matières grasses. . . . . . . . . . . . . . .    7,8
Autres matières non azotées. . . . . . . . .    42,2
Matières minérales. . . . . . . . . . . . . .    3,8
                                               ______
                                               100,0
```

ALCOOL DE POMMES DE TERRE

95. Principe de la fabrication de l'alcool de pommes de terre. — L'industrie de la fabrication de l'alcool au moyen de pommes de terre est surtout une industrie allemande. Le principe est toujours le même.

Les pommes de terre contenant de l'amidon, on transforme cet amidon en glucose par la saccharification ; on fait ensuite fermenter le moût sucré et enfin on distille le liquide alcoolique obtenu.

On opère de la manière suivante :

1° *Lavage et nettoyage des tubercules.* — Les pommes de terre sont lavées avec soin dans des laveurs, épierreurs munis d'ailettes, elles sont ensuite séchées et soumises à la cuisson.

2° *Cuisson.* — La cuisson s'opère aujourd'hui d'une façon analogue à celle du grain dans de grands vases clos (fig. 63) sous une pression de trois ou quatre atmosphères, c'est-à-dire à une température de 135 à 145 degrés. Puis, la cuisson finie, on supprime brusquement cette pression, et on provoque ainsi la dislocation des membranes cellulaires de la pomme de terre ; il se produit une sorte d'éclatement et on obtient une purée fine et homogène. Le cuiseur est en communication avec le *macérateur* (fig. 63), sorte de *cuve-matière*, où on fera la *saccharification au malt.* Le malt est mis en présence d'eau (dans la proportion de 30 à 50 kilogrammes de malt pour 100 litres d'eau).

La purée est broyée finement sur une roue cannelée, et le malt est mis à son contact à une température d'environ 55 degrés. Quand la saccharification est terminée, on refroidit dans le macérateur lui-même, ou bien, quand le travail est peu important (inférieur à 100 kilogrammes, par exemple), on verse dans des baquets, on fait refroidir aussi rapidement que possible et on conduit le liquide dans des cuves de fermentation, lesquelles sont établies dans un local chauffé en hiver à 20-22 degrés et maintenu frais en été.

3° *La fermentation* s'établit et dure environ 4 jours ; lorsqu'elle est terminée, on envoie le liquide alcoolique obtenu dans la colonne à distiller.

ALCOOL DE L'ACÉTYLÈNE

96. On a proposé de fabriquer directement l'alcool par synthèse, en partant de l'acétylène. L'acétylène peut être transformée en éthylène, par l'addition de deux atomes d'hydrogène.

Si on le met en présence de l'éthylène et de l'acide sulfurique il se forme un produit d'addition que l'on désigne sous le nom d'acide sulfovinique.

Sous l'influence de la vapeur d'eau, cet acide sulfovinique se décompose en donnant de l'alcool éthylique et de l'acide sulfurique.

En distillant ce mélange d'alcool et d'acide sulfurique dilué on obtient l'alcool. Le prix de revient d'une pareille fabrication est d'environ 20 francs l'hectolitre. Il ne semble pas que cette industrie ait pris en France une grande importance. Nous la citons pour mémoire.

FABRICATION DU RHUM

97. Le rhum est surtout fabriqué aux colonies (Antilles), et la ville de Saint-Pierre, maintenant disparue, possédait plus de 10 rhummeries, pouvant fabriquer environ 50 000 litres de rhum par jour. Les matières employées dans la fabrication sont la *mélasse de canne à sucre*, et le *vesou*, ou jus de canne à sucre. En outre, le rhum d'exportation est fortement coloré au *caramel* provenant du sucre soumis à l'action de la chaleur.

Les rhummeries peuvent être classées en *rhummeries agricoles* (semblables aux distilleries agricoles) et en *rhummeries industrielles* (semblables à nos grandes distilleries). Dans les premières on distille surtout le *vesou*, dans les secondes les *mélasses*.[4]

Dans les deux cas on provoque le développement de la fermentation alcoolique. Mais il semble que l'on apporte très peu de soins dans cette opération importante [1]. On se préoccupe peu de l'introduction de levures pures, et on marche un peu au hasard, en comptant sur la présence des levures apportées soit par le vesou, soit par les parois des cuves.

Les rhums exportés sont demandés par le commerce à un degré élevé d'alcool. Cela permet de faire, avec un fût, trois ou quatre fûts de rhum, en dédoublant avec des alcools de betterave, de pomme de terre ou de grains. « Les rhums d'exportation sont le plus souvent colorés et additionnés de sauces.

---

1. *Le rhum et sa fabrication*, Pairault.

L'alcool peut même être préparé avec le bois. Le bois renferme en effet de la cellulose, corps voisin de l'amidon, qui peut être transformé en glucose par l'action de l'acide sulfurique (Brevet Classen, 1900). — On peut même obtenir de l'alcool avec les matières fécales.

CHAPITRE XV

APPAREILS DISTILLATOIRES ET DE RECTIFICATION EMPLOYÉS DANS LA FABRICATION DES ALCOOLS D'INDUSTRIE

98. Appareils à distiller. — Les appareils distillatoires employés dans la fabrication des alcools d'industrie sont des appareils *à distillation continue*.

Nous avons indiqué (p. 50), le principe des appareils à distillation continue. Les principaux types que l'on peut employer sont :

L'appareil Savalle (voir p. 22, fig. 14) ;

L'appareil à distillation continue de Égrot, que nous avons étudié à propos de la fabrication des eaux-de-vie (p. 54, fig. 31) ;

L'appareil à distillation continue de Deroy, que nous avons examiné également (p. 48, fig. 26).

Appareils pour distiller les moûts épais. — Pour la distillation des moûts épais (moûts de grains et moûts de pommes de terre), il est nécessaire d'employer des colonnes spéciales, afin d'éviter les obstructions fréquentes. Parmi les différents systèmes employés nous pouvons citer : la *colonne à distiller, système Guillaume*.

Le fond de la colonne (fig. 65) forme un caniveau continu, dans lequel les moûts circulent librement, suivant une section et une pente continues, la pression hydrostatique s'exerçant de haut en bas, sans aucune perte de charge, ni interruption, pour forcer cette circulation. Les moûts à distiller arrivent à la partie haute de ce fond incliné, et la sortie des drêches se fait dans le bas au moyen d'un régulateur d'extraction.

La vapeur de chauffage entre dans la colonne passe par dessous les cloisons ménagées, de chambre en chambre, pour barboter méthodiquement dans le moût à distiller ; elle se détend après chaque barbotage, dans une chambre qui retient les parties liquides entraînées, et elle arrive finalement dans la chambre supérieure et dans le dôme.

Les vapeurs alcooliques brutes vont ensuite soit au chauffe-vin, s'il s'agit de produire des flegmes à bas degré, soit à un tronçon de concentration approprié, s'il s'agit de produire des flegmes à haut degré ou des alcools immédiatement rectifiés.

Comme on le voit, cette colonne n'est formée que de deux parties : le fond ncliné, qui est affecté à la circulation méthodique du moût par la formation d'un caniveau continu, et le dessus, qui est affecté à la formation des chambres de détente et des calottes de barbotage. Elle réunit bien les avantages des colonnes « à plateaux » et des colonnes « plaines ».

De plus, pour en visiter tout l'intérieur, il suffit de desserrer un joint unique et de descendre, pour l'y laisser suspendre, le fond sur les tiges

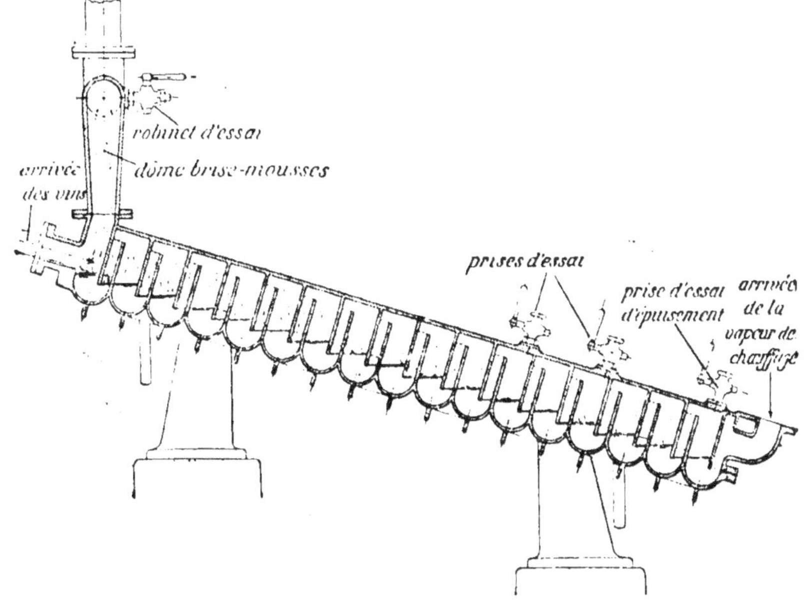

Fig. 65. — Colonne inclinée, système Guillaume (coupe).

verticales filetées. Le démontage et le remontage se font ainsi très rapidement.

La figure 66 donne une idée d'ensemble de la *colonne inclinée système Guillaume*. Le fonctionnement est le suivant :

La vapeur de chauffage arrive en *1*, passe par dessous tous les diaphragmes en barbotant méthodiquement de compartiment en compartiment, pour arriver dans le dôme faisant fonction de brise-mousse, puis se rend au chauffe-vin, au réfrigérant et à l'éprouvette.

La vapeur rencontre dans les compartiments supérieurs de la colonne les liquides provenant de la rétrogradation du condenseur. Le degré alcoolique que l'on veut obtenir règle le nombre de plateaux de cette colonne de concentration.

L'ensemble tubulaire B comporte deux parties ; les vapeurs sortant de la colonne commencent à se condenser dans les tubes du haut, dans lesquels le refroidissement est fait par le vin, et qui remplissent ainsi l'office d'analyseur. La condensation et le refroidissement des vapeurs alcooliques complémentaires se terminent à l'eau dans les tubes inférieurs.

Les moûts épuisés de leur alcool étant arrivés dans le compartiment inférieur sont extraits de la colonne à distiller d'une façon continue, en C, au moyen de l'extracteur D.

99. Appareils à rectifier. — Nous avons indiqué (p. 27) le principe des appareils à rectifier en prenant pour type l'*appareil rectificateur de Savalle*.

A côté de l'appareil Savalle, on peut citer encore :

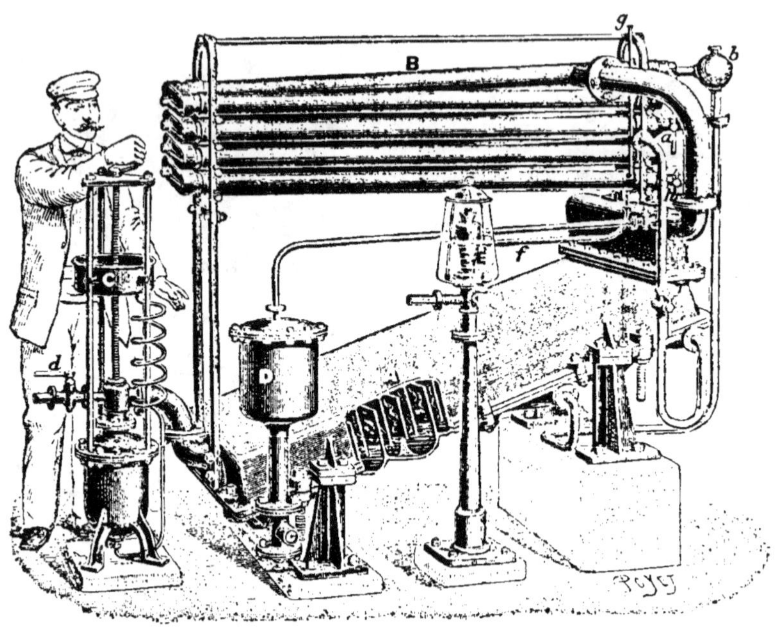

FIG. 66. — COLONNE INCLINÉE SYSTÈME GUILLAUME.

A, *colonne à distiller*; B, *chauffe-vin*; D, *extracteur des vinasses*; d, *robinet de vapeur*.

L'appareil à rectifier de Deroy (fig. 67). — Cet appareil se compose de quatre pièces principales : 1° la chaudière; 2° la colonne; 3° l'analyseur; 4° le réfrigérant.

Le chauffage se fait ordinairement par la vapeur; cependant il est possible, pour les chaudières inférieures à 25 hectolitres, de les chauffer à feu nu. Quel que soit le mode de chauffage, la mise en marche et le fonctionnement sont les mêmes. L'attention du distillateur doit surtout se porter sur la régularité du chauffage et de la réfrigération, car de là dépendent l'élévation du degré alcoolique et la pureté des produits.

Au début de l'opération, il faut chauffer doucement, afin que l'ébullition, se manifestant d'une façon progressive, élimine en premier lieu la partie éthérée qui se vaporise à moins de 78 degrés, et la sépare de l'alcool dont la vaporisation ne s'obtient qu'à ce degré. Il est de la plus haute importance de séparer d'abord cette première partie de vapeur condensée, dont l'odeur est infecte, pour ne pas la mêler avec celle qui vient après.

Le distillateur doit veiller attentivement à ce qui coule à l'éprouvette, afin de séparer l'alcool bon goût en temps opportun; le fractionnement est le point important de l'opération.

Les vapeurs venant de la chaudière s'élèvent dans la *colonne*; elles y rencontrent un certain nombre de plateaux où elles sont soumises à une série

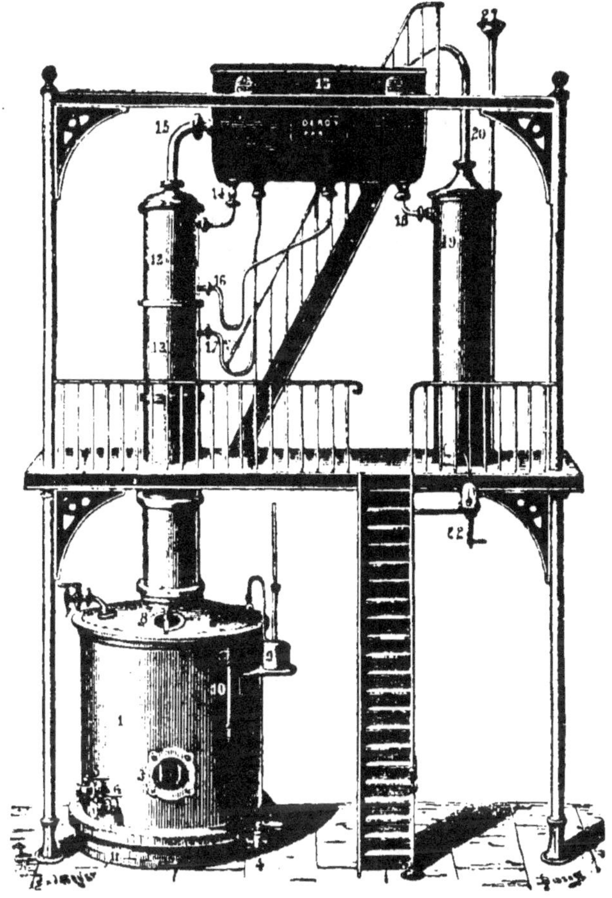

Fig. 67. — Appareil a rectifier Deroy.

1, *Chaudière*; 2, *dôme de la chaudière*; 3, *robinet de vidange*; 4, *prise de vapeur*; 5, *sortie des condensations*; 6, *arrivée des flegmes*; 7, *indicateur de pression*; 8, *indicateur de niveau: colonne de rectification*; 9, *enveloppe du serpentin rectificateur*; 10, *robinet pour le lavage de la colonne*; 11, *arrivée des vapeurs alcooliques dans le serpentin rectificateur*; 12, 13, *tuyaux de rétrogradation*; 14, *sortie des vapeurs alcooliques se rendant au serpentin réfrigérant*; 15, *enveloppe du serpentin réfrigérant*; 16, *trop-plein de l'eau chaude du réfrigérant se déversant dans le rectificateur*; 16, *entonnoir et tuyau d'arrivée d'eau froide dans le bas du réfrigérant*; 18, *éprouvette de sortie indiquant le degré alcoolique*.

de rectifications successives qui ne permettent qu'aux plus légères d'atteindre l'analyseur; une partie d'entre elles s'y condensent et retournent à la colonne, ne laissant arriver au serpentin réfrigérant que celles parfaitement épurées. Toutefois, le produit de ces dernières nécessite encore une sélection, car les alcools qui se condensent immédiatement après les éthers n'ont pas encore acquis la force et la finesse voulues pour être de tout premier choix. On met

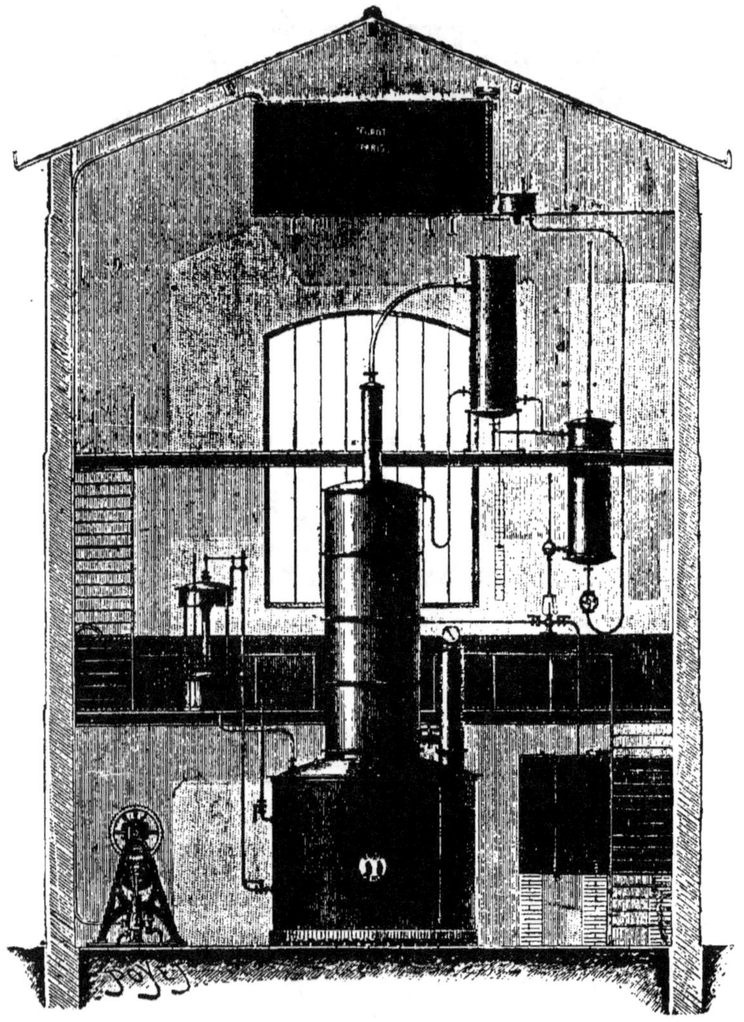

FIG. 68. — APPAREIL A RECTIFIER A COLONNE RÉDUITE, SYSTÈME ÉGROT.

A, *Colonne à plateaux*; B, *chauffe-vin déflegmateur*; D, *réfrigérant*; F, *éprouvette durable*; G, *régulateur à vapeur durable*.

donc à part cette partie, qui est classée comme deuxième choix, pour être vendue telle, ou rectifiée à nouveau. Le bon goût, du reste, ne se fait pas attendre et se maintient presque jusqu'à la fin à 95/96 degrés centésimaux)40 degrés Cartier).

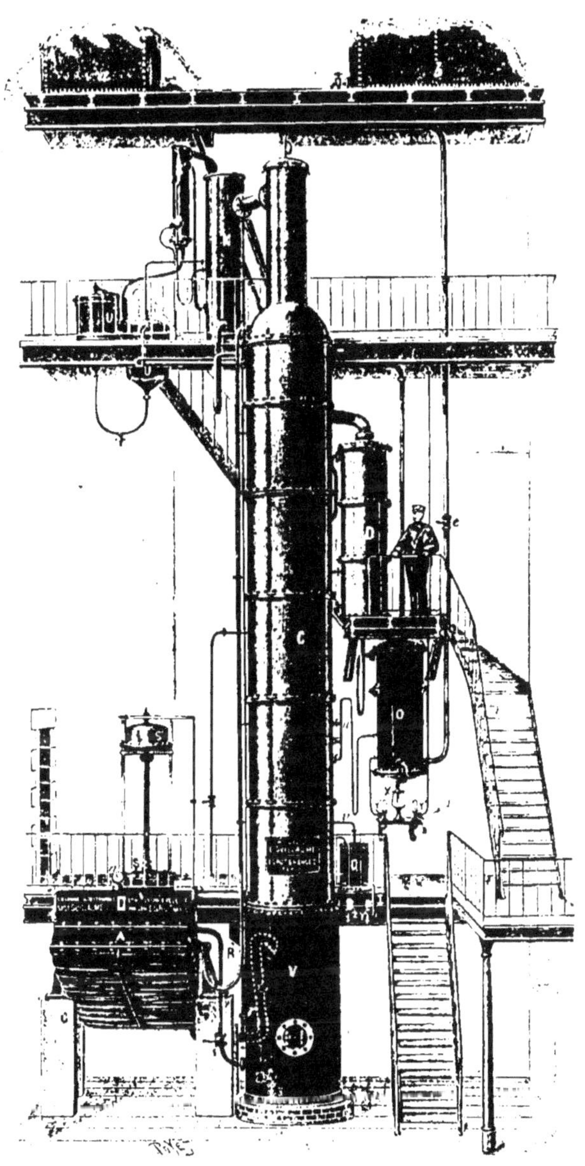

FIG. 69. — APPAREIL GUILLAUME, TYPE C (AGRICOLE).

A, colonne de distillation inclinée ; a, bac à vin ; b, bac à eau froide ; C, colonne de rectification ; D, colonne d'épuration finale ; c, robinet d'alimentation d'eau ; I, chauffe-vin ; K, condenseur ; K', réfrigérant des gaz ; O, réfrigérant des bons goûts et des produits de tête ; Q, réfrigérant des produits de queue ; R, extracteur des vinasses ; r, siphon de sortie des vinasses ; S, régulateur de vapeur ; s, robinet et tuyau de conduite des flegmasses à la colonne à distiller ; UU' régulateur d'eau ; u, robinets d'extraction des impuretés intermédiaires ; V, récipient accumulateur ; v, robinet d'extraction des produits de queue ; X, éprouvette de sortie de l'alcool bon goût ; Y, Y¹, Y², éprouvettes des produits de tête et des produits de queue et intermédiaires ; Z, éprouvette de vérification de l'épuisement.

Dès que le degré s'abaisse à l'éprouvette, l'alcool est mis de côté pour être de nouveau rectifié, et l'on arrête l'opération lorsque l'alcoomètre ne marque plus qu'un degré insignifiant.

L'appareil à rectifier de Égrot (fig. 68). — Cet appareil se compose d'une chaudière, d'une colonne de rectification, d'un déflegmateur et d'un réfrigérant. La chaudière reçoit les flegmes obtenus préalablement dans un appareil de distillation et dont le degré est abaissé de 35 à 45 degrés selon les cas.

Les vapeurs montent dans la colonne de rectification et rencontrent un très grand nombre de plateaux de rectification qui assurent l'analyse parfaite des vapeurs. Elles passent ensuite dans le déflegmateur où elles se séparent en deux parties : l'une qui s'y condense et retourne par le tube de rétrogradation dans la colonne rectificatrice, et l'autre qui se rend dans le réfrigérant d'où elle sort liquide et refroidie à l'éprouvette (cette dernière contient un thermomètre et un alcoomètre.)

La régularité de fonctionnement est obtenue par la cuvette régulatrice du débit de l'eau, et par le régulateur automatique de vapeur.

100. Distillation-rectification directe. — On peut produire directement de l'alcool rectifié en partant des jus fermentés, soit par le procédé Barbet, soit par le procédé Guillaume. Nous nous contenterons de donner une idée du dernier procédé :

L'appareil continue de distillation-rectification directe, système E. Guillaume, type agricole (fig. 69) est destiné spécialement, comme son nom l'indique, aux distilleries agricoles et plus généralement à celles dans lesquelles on veut produire le plus économiquement possible et avec le plus de simplicité l'alcool rectifié en une seule opération et de bonne qualité courante.

Cet appareil (fig. 69) se compose dans son ensemble :

1° De la colonne inclinée à distiller A, que nous avons décrite page 130.

2° De la colonne de concentration C, avec le récipient accumulateur V et surmonté de ses condenseurs, K, I, dans lesquels s'opère l'extraction des produits de tête, de queue, et des huiles, qui coulent d'une façon continue aux éprouvettes Y, Y¹, Y².

Le récipient accumulateur rempli du liquide de rétrogradation de la colonne de rectification assure la régularité de marche et la stabilité du fonctionnement.

3° De la colonne d'épuration finale D et du réfrigérant O. Cette colonne d'épuration finale soumet l'alcool achevé à une véritable redistillation partielle qui en extrait les dernières traces de produits de tête qui pourraient avoir échappé à la colonne de rectification; après refroidissement en O, l'alcool pur coule dans l'éprouvette X.

Toutes ces opérations s'opèrent automatiquement, le chauffage et le refroidissement se règlent d'eux-mêmes, par le régulateur de vapeur à régime variable S et le régulateur d'eau U.

QUATRIÈME PARTIE

ALCOOMÉTRIE

CHAPITRE XVI

DÉTERMINATION DE LA RICHESSE ALCOOLIQUE DES EAUX-DE-VIE ET DES ALCOOLS[1]

101. Emploi de l'alcoomètre. — Nous avons vu, page 2, ce que l'on entend par richesse alcoolique des eaux-de-vie et des alcools. Nous avons vu également comment on détermine avec l'alcoomètre, la richesse alcoolique d'un liquide ne contenant que de l'eau et de l'alcool pur. Pour les *alcools d'industrie*, avons-nous dit, malgré qu'ils contiennent encore quelques impuretés, on peut utiliser directement l'alcoomètre pour la détermination de la richesse alcoolique.

Pour les *eaux-de-vie* prêtes à être livrées à la consommation, on ne peut procéder de la même manière, car elles contiennent le plus souvent des matières prises aux tonneaux dans lesquels on les conserve ou ajoutées en vue de les rendre propres à la consommation (sirop de sucre, etc. Voir Manipulation des eaux-de-vie, p. 90; Imitation du cognac, p. 96).

On ne peut employer directement l'alcoomètre que pour les eaux-de-vie que l'on vient de distiller ou qui n'ont pas encore été traitées. La détermination du degré alcoolique des autres eaux-de-vie ou des alcools contenant des matières étrangères,

---

1. Pour la détermination de la richesse alcoolique des vins voir *Le Vin*, par E. Chancrin, *Encyclopédie agricole pratique*.

2. Les divers ébullioscopes et ébulliomètres dont on se sert dans l'analyse des vins (voir *Le Vin*, *Encyclopédie agricole pratique*) peuvent servir pour l'analyse des alcools, à condition que l'on ajoute une quantité d'eau suffisante aux eaux-de-vie, ces dernières étant à un titre trop élevé. Ces appareils ne donnent pas de résultats précis, aussi nous n'en parlons pas.

se fait par **distillation** ou par le procédé des ébulliomètres ou ébullioscopes.

Procédé par distillation. — *Emploi de l'alambic Salleron.*— Le principe du procédé est basé sur la distillation des liquides de façon à opérer sur un mélange d'alcool et d'eau, dans lequel

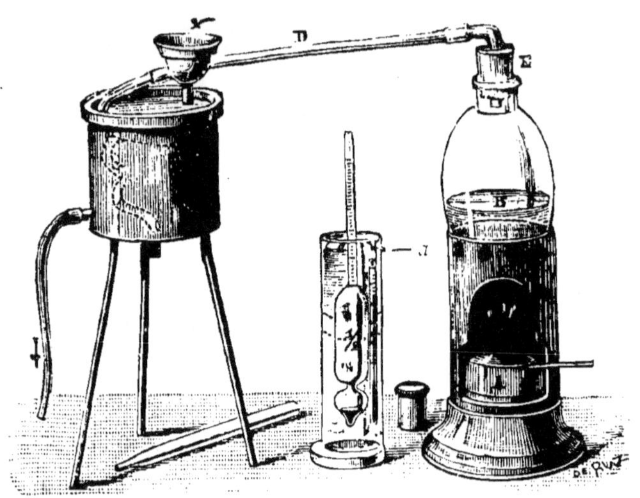

FIG. 70. — ALAMBIC SALLERON POUR LA DÉTERMINATION DE L'ALCOOL.

B, *ballon en verre*; E, *bouchon en caoutchouc*; D, *tube à dégagement*; C, *réfrigérant.*

on plonge l'alcoomètre centésimal de Gay-Lussac dont nous avons parlé, page 3.

L'alambic Salleron (fig. 70) qui est un petit alambic ordinaire, se compose :

1° D'un *ballon en verre* B qui sert de chaudière pour distiller. Ce ballon est chauffé par une lampe à alcool.

2° *D'un serpentin contenu dans un réfrigérant* C ; le serpentin communique avec la chaudière au moyen d'un tube en caoutchouc D, relié à un bouchon E qui s'adapte au col du ballon B.

L'alambic est accompagné d'une *éprouvette* portant un trait *a* qui limite le volume du liquide à distiller, d'un *alcoomètre*, d'un thermomètre.

On opère de la manière suivante : on remplit très exactement une demi-éprouvette (jusqu'au trait 1/2 de l'éprouvette) d'eau-de-vie que l'on verse dans le ballon ; on rince l'éprouvette en employant une quantité d'eau jusqu'au trait *a* (pour faciliter la distillation de l'alcool sans avoir de pertes) et on verse également cette eau dans le ballon. On distille et l'on arrête la distillation lorsque le liquide (mélange d'alcool et d'eau) arrive au trait *a*, de façon à avoir tout l'alcool sous un volume double.

On plonge alors simultanément l'alcoomètre et le thermomètre pour faire la correction de température. On note les indications des deux instruments et l'on détermine la richesse alcoolique du liquide distillé, comme nous l'avons indiqué, page 3 (*voir le tableau des richesses alcooliques avec correction de température*, p. 140). On multiplie ensuite le résultat obtenu par deux.

Remarque. — Afin d'éviter toute déperdition d'alcool, lorsqu'on opère sur des liquides très alcooliques, il est bon d'adapter à la sortie du réfrigérant, un petit prolongement en verre, descendant dans le récipient servant à recueillir le liquide. Dans ce cas, il ne faut pas oublier de retirer l'éprouvette avant d'éteindre la lampe, afin d'éviter la rentrée du liquide dans la chaudière, par aspiration.

Les dosages des liquides alcooliques se complètent par l'étude de l'acidité de l'extrait sec, de la glycérine, etc., et de tous produits qui ont pu être ajoutés. Ces questions sont du domaine des chimistes : nous n'en parlerons pas.

102. Usage de l'alcool. — L'alcool peut être utilisé en nature pour la consommation, à l'état d'eau-de-vie. On sait tous les inconvénients de l'alcoolisme et les ravages qu'il produit dans l'organisme humain : c'est le grand pourvoyeur de la tuberculose et de la folie. On se souvient de la controverse retentissante qui s'est élevée, il y a quelques années, au sujet d'une étude de M. Duclaux, qui concluait avec des chimistes américains à la qualité d'*aliment* donnée à l'alcool. On a voulu conserver le mot seul d'aliment et on l'a exploité dans certains milieux. De l'étude de M. Duclaux, il ressort bien que l'alcool est un aliment, en acceptant la définition de l'aliment donnée au préalable, mais de là à conclure qu'il peut être pris sans danger et sans précaution, il y a un abîme.

Les alcools d'industrie sont utilisés soit pour faire des eaux-de-vie, soit pour la force motrice. Nous rappellerons pour mémoire les études entreprises sous les auspices du Ministère de l'Agriculture, pour l'emploi de l'alcool dans l'automobilisme. Il semble qu'on ait dans l'alcool une matière appelée à prendre une très grande importance au point de vue de la production de force motrice. Mais il est nécessaire de l'obtenir avec un prix de revient plus bas que celui des pétroles.

Il est employé sous forme d'*alcool dénaturé*, c'est-à-dire d'alcool rendu impropre à la consommation par l'incorporation de substances, qu'il est facile de déceler et qu'il est difficile de séparer de la masse. Un bon dénaturant doit, en effet, être de prix peu élevé et sa nature doit être telle, que sa destruction coûte plus que le prix de production de l'alcool lui-même.

Le dénaturant employé par la Régie est un produit organique à base de *méthylène*. Les travaux de Trillat et Lindet ont montré que les doses peuvent être réduites à 1 pour 100. Mais la Régie emploie des doses beaucoup plus fortes qui contribuent à élever le prix de l'alcool dénaturé (qui coûte en Allemagne 0 fr. 26), car le méthylène a une valeur de 1 franc le litre environ; le méthylène a, en outre, l'inconvénient d'abaisser le pouvoir calorifique de l'alcool, et de fournir enfin des gaz gênants.

L'alcool peut servir aussi à l'éclairage par incandescence. L'alcool est nettement supérieur au point de vue de la gazéification complète, supérieure à la gazéification du pétrole et de l'essence de pétrole, qui fournissent des dépôts de noir de fumée. De plus, les lampes à alcool n'ont aucun suintement, ni aucune mauvaise odeur.

Malgré tous ces avantages, l'emploi de l'alcool dénaturé n'a pas fait en France tous les progrès que l'on pouvait espérer, et dans un rapport de M. Vialettes, on lit : « Plus que jamais nous devons demander que l'alcool dénaturé, le produit de notre sol, soit traité au moins sur le même pied que le pétrole, produit étranger, et qu'il puisse, comme lui, circuler librement sans avoir à payer aucune taxe de régie ni aucun droit de circulation. »

Beaucoup d'auteurs semblent donc imputer aux entraves apportées par la Régie, le non-développement de l'utilisation de l'alcool. Espérons que, dans quelques années, grâce au concours de tous, l'emploi de l'alcool sera d'un usage courant.

CHAPITRE XVII

DOCUMENTS

Table des richesses alcooliques (de Gay-Lussac) avec correction de température.

Indications de l'alcoomètre.

TEMPÉRATURE. — DEGRÉS DU THERMOMÈTRE

	1°	2°	3°	4°	5°	6°	7°	8°	9°	10°	11°	12°	13°	14°
0	1.3	2.4	3.4	4.4	5.4	6.5	7.5	8.6	9.7	10.9	12.2	13.4	14.7	16.1
1	»	»	»	»	»	»	»	»	»	»	»	13.4	14.7	16
2	»	»	»	»	»	»	»	»	»	»	»	13.4	14.7	16
3	»	»	»	»	»	»	»	»	»	»	»	13.3	14.6	15.9
4	»	»	»	»	»	»	»	»	»	»	»	13.3	14.5	15.8
5	1.4	2.5	3.5	4.5	5.5	6.6	7.7	8.7	9.8	10.9	12.1	13.2	14.4	15.7
6	»	»	»	»	»	»	»	»	»	»	»	13.1	14.3	15.6
7	»	»	»	»	»	»	»	»	»	»	»	13.0	14.2	15.4
8	»	»	»	»	»	»	»	»	»	»	»	13.0	14.1	15.3
9	»	»	»	»	»	»	»	»	»	»	»	12.9	14	15.1
10	1.4	2.4	3.4	4.5	5.5	6.5	7.5	8.5	9.5	10.6	11.7	12.7	13.8	14.9
11	1.3	2.4	3.4	4.4	5.4	6.4	7.4	8.4	9.4	10.5	11.6	12.6	13.6	14.7
12	1.2	2.3	3.3	4.3	5.3	6.3	7.3	8.3	9.3	10.4	11.5	12.5	13.5	14.6
13	1.2	2.2	3.2	4.2	5.2	6.2	7.2	8.2	9.2	10.3	11.4	12.4	13.4	14.4
14	1.1	2.1	3.1	4.1	5.1	6.1	7.1	8.1	9.1	10.2	11.2	12.2	13.2	14.2
15	1	2	3	4	5	6	7	8	9	10	11	12	13	14
16	0.9	1.9	2.9	3.9	4.9	5.9	6.9	7.9	8.9	9.9	10.9	11.9	12.9	13.9
17	0.8	1.8	2.8	3.8	4.8	5.8	6.8	7.8	8.8	9.8	10.8	11.7	12.7	13.7
18	0.7	1.7	2.7	3.7	4.7	5.7	6.7	7.7	8.7	9.7	10.7	11.6	12.5	13.5
19	0.6	1.6	2.6	3.6	4.5	5.5	6.5	7.5	8.5	9.5	10.5	11.4	12.4	13.3
20	0.5	1.5	2.4	3.4	4.4	5.4	6.4	7.3	8.3	9.3	10.3	11.2	12.2	13.1
21	0.4	1.4	2.3	3.3	4.3	5.2	6.2	7.1	8.1	9.1	10.1	11.0	11.9	12.8
22	0.3	1.3	2.2	3.2	4.1	5.1	6.1	7.0	7.9	8.9	9.9	10.8	11.7	12.6
23	0.1	1.1	2.1	3.1	4.0	4.9	5.9	6.8	7.8	8.7	9.7	10.6	11.5	12.4
24	0.0	1.0	1.9	2.9	3.8	4.8	5.8	6.7	7.6	8.5	9.5	10.4	11.3	12.2
25	0.0	0.8	1.7	2.7	3.6	4.6	5.5	6.5	7.4	8.3	9.3	10.2	11.1	12.0
26	0.0	0.7	1.6	2.6	3.5	4.4	5.4	6.3	7.2	8.1	9.0	9.9	10.8	11.7
27	0.0	0.5	1.5	2.4	3.3	4.3	5.2	6.1	7.0	7.9	8.8	9.7	10.6	11.5
28	0.0	0.3	1.3	2.2	3.1	4.1	5.0	5.9	6.8	7.7	8.6	9.5	10.3	11.2
29	0.0	0.4	1.1	2.0	2.9	3.9	4.8	5.7	6.6	7.5	8.4	9.2	10.1	11.0
30	0.0	0.0	0.9	1.9	2.8	3.7	4.6	5.5	6.4	7.3	8.1	9.0	9.8	10.7

EXEMPLE : Si l'alcoomètre marque 11 et le thermomètre 22, la richesse alcoolique réelle sera 9.9 ; c'est-à-dire que cent litres du liquide essayé contiennent 9 litres 9 décilitres d'alcool pur.

Indications de l'alcoomètre.

TEMPÉRATURE. — DEGRÉS DU THERMOMÈTRE

	15⁰	16⁰	17⁰	18⁰	19⁰	20⁰	21⁰	22⁰	23⁰	24⁰	25⁰	26⁰	27⁰	28⁰
0	17.5	19	20.4	21.7	23	24.3	25.7	27.1	28.5	29.9	31.1	32.3	33.4	34.5
1	17.3	18.7	20.1	21.4	22.7	24	25.4	26.8	28.1	29.4	30.6	31.8	32.9	34
2	17.2	18.6	19.9	21.2	22.4	23.7	25	26.4	27.6	28.9	30.2	31.4	32.5	33.5
3	17.1	18.3	19.7	20.9	22.1	23.4	24.7	26	27.3	28.6	29.8	31	32.1	33.1
4	16.9	18.1	19.4	20.7	21.9	23.1	24.4	25.7	26.9	28.1	29.3	30.6	31.6	32.7
5	16.8	18	19.2	20.5	21.6	22.8	24.1	25.3	26.5	27.7	28.9	30.1	31.2	32.3
6	16.7	17.8	19	20.3	21.4	22.5	23.7	25	26.1	27.3	28.5	29.7	30.8	31.8
7	16.6	17.7	18.8	20	21	22.1	23.4	24.7	25.8	27	28.1	29.3	30.3	31.3
8	16.4	17.5	18.6	19.7	20.7	21.8	23	24.2	25.4	26.6	27.7	28.9	29.9	30.9
9	16.2	17.3	18.4	19.5	20.5	21.6	22.7	23.9	25	26.2	27.3	28.5	29.5	30.5
10	16.0	17.0	18.1	19.2	20.2	21.3	22.4	23.5	24.6	25.8	26.9	28.0	29.1	30.1
11	15.8	16.8	17.9	19.0	20.0	21.0	22.1	23.2	24.3	25.4	26.5	27.7	28.7	29.7
12	15.6	16.6	17.6	18.7	19.7	20.7	21.8	22.9	24.0	25.1	26.1	27.2	28.2	29.2
13	15.4	16.4	17.4	18.5	19.5	20.5	21.5	22.6	23.7	24.7	25.7	26.8	27.8	28.8
14	15.2	16.2	17.2	18.2	19.2	20.2	21.2	22.3	23.3	24.3	25.3	26.4	27.4	28.4
15	15	16	17	18	19	20	21	22	23	24	25	26	27	28
16	14.9	15.9	16.9	17.8	18.7	19.7	20.7	21.7	22.7	23.7	24.7	25.7	26.6	27.6
17	14.7	15.6	16.6	17.5	18.4	19.4	20.4	21.4	22.4	23.4	24.4	25.4	26.3	27.3
18	14.5	15.4	16.3	17.3	18.2	19.1	20.1	21.1	22.0	23.0	24.0	25.0	25.9	26.9
19	14.3	15.2	16.1	17.0	17.9	18.8	19.8	20.8	21.7	22.7	23.6	24.6	25.5	26.4
20	14.0	14.9	15.8	16.7	17.6	18.5	19.5	20.5	21.4	22.4	23.3	24.3	25.2	26.1
21	13.7	14.6	15.5	16.4	17.3	18.2	19.1	20.1	21.1	22.1	22.9	23.9	24.8	25.6
22	13.5	14.4	15.3	16.2	17.0	17.9	18.8	19.8	20.7	21.6	22.5	23.5	24.3	25.2
23	13.3	14.1	15.0	15.9	16.7	17.6	18.5	19.4	20.3	21.3	22.2	23.1	24.0	24.9
24	13.1	13.9	14.8	15.7	16.5	17.4	18.2	19.1	20.0	21.0	21.8	22.7	23.6	24.5
25	12.8	13.6	14.5	15.4	16.2	17.1	17.9	18.8	19.7	20.6	21.5	22.4	23.2	24.2
26	12.6	13.4	14.2	15.1	15.9	16.7	17.6	18.5	19.4	20.3	21.2	22.1	22.9	23.8
27	12.3	13.1	13.9	14.8	15.6	16.4	17.3	18.2	19.1	20.0	20.8	21.7	22.6	23.5
28	12.0	12.8	13.6	14.4	15.2	16.0	16.9	17.9	18.8	19.6	20.5	21.4	22.2	23.1
29	11.7	12.5	13.3	14.1	14.9	15.7	16.6	17.5	18.4	19.3	20.2	21.0	21.8	22.7
30	11.5	12.3	13.0	13.8	14.6	15.4	16.3	17.2	18.1	19.0	19.8	20.7	21.5	22.4

Indications de l'alcoomètre.

TEMPÉRATURE. — DEGRÉS DU THERMOMÈTRE

	29°	30°	31°	32°	33°	34°	35°	36°	37°	38°	39°	40°	41°	42°
0	35.6	36.6	37.6	38.6	39.6	40.6	41.5	42.5	43.5	44.4	45.4	46.4	47.4	48.4
1	35.1	36.1	37.1	38.1	39.1	40.1	41.2	42.2	43.1	44.1	45	46	47	48
2	34.6	35.6	36.7	37.7	38.7	39.7	40.7	41.7	42.7	43.7	44.6	45.5	46.5	47.5
3	34.1	35.2	36.2	37.3	38.3	39.3	40.3	41.3	42.3	43.2	44.2	45.2	46.2	47.1
4	33.7	34.7	35.7	36.7	37.7	38.8	39.8	40.8	41.8	42.8	43.8	44.8	45.8	46.7
5	33.3	34.3	35.3	36.3	37.3	38.3	39.3	40.3	41.4	42.4	43.4	44.3	45.3	46.2
6	32.8	33.8	34.9	35.9	36.9	37.9	38.9	39.9	40.9	41.9	42.9	43.9	44.9	45.8
7	32.3	33.3	34.3	35.4	36.4	37.4	38.4	39.4	40.4	41.4	42.4	43.4	44.4	45.4
8	31.9	32.9	33.9	34.9	35.9	36.9	38	39	40	41	42	43	44	45
9	31.5	32.5	33.5	34.5	35.5	36.5	37.5	38.6	39.6	40.6	41.6	42.6	43.6	44.6
10	31.1	32.1	33.1	34.1	35.1	36.1	37.1	38.1	39.1	40.1	41.1	42.1	43.1	44.1
11	30.7	31.7	32.7	33.7	34.7	35.7	36.7	37.7	38.7	39.7	40.7	41.7	42.7	43.7
12	30.2	31.2	32.2	33.2	34.3	35.3	36.3	37.3	38.3	39.3	40.3	41.3	42.3	43.3
13	29.8	30.8	31.8	32.8	33.8	34.8	35.8	36.8	37.8	38.8	39.8	40.9	41.9	42 9
14	29.4	30.4	31.4	32.4	33.4	34.4	35.4	36.4	37.4	38.4	39 4	40.4	41.4	42.4
15	29	30	31	32	33	34	35	36	37	38	39	40	41	42
16	28.6	29.6	30.6	31.6	32.5	33.5	34.5	35.5	36.5	37.5	38.5	39.5	40.6	41.6
17	28.2	29.2	30.2	31.2	32.1	33.1	34.1	35.1	36.1	37.1	38.1	39.1	40.1	41.1
18	27.8	28.8	29.8	30.8	31.7	32.6	33.6	34.6	35.6	36.6	37.6	38.6	39.7	40 7
19	27.3	28.3	29.3	30.3	31.2	32.2	33.2	34.2	35.2	36.2	37.2	38.2	39.3	40.3
20	27.0	27.9	28.9	29.9	30.8	31.8	32.8	33.8	34.8	35.8	36.8	37.8	38.9	39.9
21	26.6	27.5	28.5	29.5	30.4	31.4	32.4	33.4	34.4	35 4	36.4	37 4	38.4	39.4
22	26.2	27.1	28.1	29.1	30	31	32	33	34	35	36	36.9	38	39
23	25 8	26.7	27.7	28.7	29.6	30.6	31.6	32.6	33.5	34.5	35.5	36.5	37.6	38.6
24	25.4	26.3	27.3	28.3	29.2	30.2	31.1	32.1	33.1	34.1	35.1	36.1	37 2	38.2
25	25.1	26.0	26.9	27.9	28.8	29.7	30.7	31.7	32.7	33.7	34.7	35.7	36.7	37.7
26	24.7	25.6	26.5	27.5	28.4	29.3	30.3	31.3	32.3	33.3	34.3	35.3	36.3	37.3
27	24.3	25.2	26.1	27.1	27.9	28.9	29.9	30.9	31.9	32.9	33.9	34.8	35.9	36.9
28	23.9	24.8	25.7	26.6	27.5	28.5	29.5	30.5	31.5	32.5	33.5	34.4	35.4	36.5
29	23.6	24.4	25.2	26.2	27.1	28.1	29.1	30.1	31.1	32.1	33.1	34	35	36.0
30	23.2	24.0	24.9	25.8	26.7	27.7	28.7	29.7	30.7	31.6	32.6	33.6	34.6	35.6

Indications de l'alcoomètre.

TEMPÉRATURE. — DEGRÉS DU THERMOMÈTRE

	43°	44°	45°	46°	47°	48°	49°	50°	51°	25°	53°	54°	55°	56°
0	49.3	50.3	51.3	52.3	53.2	54.1	55.1	56.1	57.1	58	59	59.9	60.9	61.9
1	48.9	49.9	50.8	51.8	52.8	53.7	54.7	55.7	56.7	57.6	58.6	59.6	60.6	61.6
2	48.5	49.5	50.4	51.4	52.3	53.3	54.3	55.3	56.3	57.2	58.2	59.2	60.2	61.2
3	48.1	49	50	51	52	52.9	53.9	54.8	55.8	56.8	57.8	58.8	59.8	60.8
4	47.7	48.7	49.6	50.6	51.5	52.5	53.5	54.5	55.5	56.5	57.4	58.4	59.4	60.3
5	47.2	48.2	49.2	50.2	51.1	52.1	53.1	54	55	56	57	58	59	60
6	46.8	47.8	48.8	49.8	50.8	51.7	52.7	53.7	54.7	55.6	56.6	57.5	58.5	59.5
7	46.4	47.4	48.4	49.4	50.4	51.3	52.3	53.2	54.2	55.2	56.2	57.1	58.1	59.1
8	46	47	47.9	48.9	49.9	50.9	51.9	52.9	53.9	54.9	55.8	56.8	57.8	58.8
9	45.6	46.6	47.5	48.5	49.5	50.5	51.5	52.5	53.5	54.5	55.4	56.4	57.4	58.4
10	45.1	46.1	47.1	48.1	49.1	50.1	51.1	52	53	54	55	56	57	58
11	44.7	45.7	46.7	47.7	48.7	49.7	50.7	51.7	52.7	53.7	54.6	55.6	56.6	57.6
12	44.3	45.3	46.3	47.3	48.3	49.3	50.3	51.2	52.2	53.2	54.2	55.2	56.2	57.2
13	43.9	44.9	45.9	46.9	47.9	48.9	49.9	50.9	51.9	52.8	53.8	54.8	55.8	56.8
14	43.4	44.4	45.4	46.4	47.4	48.4	49.4	50.4	51.4	52.4	53.4	54.4	55.4	56.4
15	43	44	45	46	47	48	49	50	51	52	53	54	55	56
16	42.6	43.6	44.6	45.6	46.6	47.6	48.6	49.6	50.6	51.6	52.6	53.6	54.6	55.6
17	42.1	43.1	44.1	45.2	46.2	47.2	48.2	49.2	50.2	51.2	52.2	53.2	54.2	55.2
18	41.7	42.7	43.7	44.8	45.8	46.8	47.8	48.8	49.8	50.8	51.8	52.8	53.8	54.8
19	41.3	42.4	43.4	44.4	45.4	46.4	47.4	48.4	49.4	50.4	51.4	52.4	53.4	54.4
20	40.9	42	43	44	45	46	47	48	49	50	51	52	53	54
21	40.4	41.5	42.5	43.5	44.6	45.6	46.6	47.6	48.6	49.6	50.6	51.6	52.6	53.6
22	40	41.1	42.1	43.1	44.1	45.1	46.1	47.1	48.1	49.1	50.1	51.1	52.2	53.2
23	39.6	40.6	41.6	42.6	43.6	44.6	45.7	46.7	47.7	48.8	49.8	50.8	51.8	52.8
24	39.2	40.2	41.2	42.2	43.3	44.3	45.3	46.3	47.3	48.4	49.4	50.4	51.4	52 4
25	38.7	39.8	40.8	41.9	42.9	43.9	44.9	46	47	48	49	50	51	52
26	38.3	39.4	40.4	41.5	42.5	43.5	44.5	45.5	46.5	47.5	48.5	49.5	50.5	51.5
27	37.9	39	40	41.1	42.1	43.1	44.1	45.1	46.1	47.1	48.1	49.1	50.2	51.2
28	37.5	38.6	39.6	40.6	41.6	42.6	43.7	44.7	45.7	46.7	47.7	48.7	49.8	50.8
29	37.1	38.1	39.1	40.2	41.2	42.2	43.3	44.3	45.3	46.3	47.3	48.4	49.4	50.4
30	36.6	37.7	38.7	39.8	40.8	41.8	42.8	43.8	44.9	45.9	47	48	49	50

Indications de l'alcoomètre.

TEMPÉRATURE. — DEGRÉS DU THERMOMÈTRE	57°	58°	59°	60°	61°	62°	63°	64°	65°	66°	67°	68°	69°	70°
0	62.9	63.9	64.9	65.8	66.8	67.8	68.8	69.8	70.8	71.7	72.7	73.7	74.7	75.7
1	62.5	63.5	64.5	65.5	66.5	67.5	68.5	69.4	70.4	71.3	72.3	73.3	74.3	75.3
2	62.1	63.1	64.1	65.1	66.1	67.1	68.1	69.1	70.1	71	71.9	72.9	73.9	74.9
3	61.7	62.7	63.7	64.7	65.6	66.6	67.6	68.6	69.6	70.6	71.6	72.6	73.6	74.5
4	61.3	62.3	63.3	64.3	65.3	66.3	67.3	68.3	69.3	70.2	71.2	72.2	73.2	74.1
5	60.9	61.9	62.9	63.9	64.9	65.9	66.9	67.9	68.9	69.8	70.8	71.8	72.8	73.8
6	60.5	61.5	62.5	63.5	64.5	65.5	66.5	67.5	68.5	69.5	70.5	71.5	72.5	73.4
7	60.1	61.1	62.1	63.1	64.1	65.1	66.1	67.1	68.1	69.1	70.1	71.1	72	73
8	59.8	60.8	61.8	62.8	63.8	64.8	65.8	66.8	67.7	68.7	69.7	70.6	71.6	72.6
9	59.4	60.4	61.4	62.4	63.4	64.4	65.4	66.4	67.3	68.3	69.3	70.3	71.3	72.3
10	59	60	61	62	63	64	65	66	67	67.9	68.9	69.9	70.9	71.9
11	58.6	59.6	60.6	61.6	62.6	63.6	64.6	65.6	66.6	67.6	68.6	69.6	70.6	71.6
12	58.2	59.2	60.2	61.2	62.2	63.2	64.2	65.2	66.2	67.2	68.2	69.2	70.2	71.2
13	57.8	58.8	59.8	60.8	61.8	62.8	63.8	64.8	65.8	66.8	67.8	68.8	69.8	70.8
14	57.4	58.4	59.4	60.4	61.4	62.4	63.4	64.4	65.4	66.4	67.4	68.4	69.4	70.4
15	57	58	59	60	61	62	63	64	65	66	67	68	69	70
16	56.6	57.6	58.6	59.6	60.6	61.6	62.6	63.6	64.6	65.6	66.6	67.6	68.6	69.6
17	56.2	57.2	58.2	59.2	60.2	61.2	62.2	63.2	64.2	65.2	66.2	67.2	68.2	69.2
18	55.8	56.8	57.8	58.8	59.8	60.8	61.8	62.8	63.8	64.8	65.8	66.8	67.8	68.8
19	55.4	56.4	57.4	58.4	59.4	60.4	61.4	62.5	63.5	64.5	65.5	66.5	67.5	68.5
20	55	56	57	58	59	60	61	62	63	64	65.1	66.1	67.1	68.1
21	54.6	55.6	56.6	57.6	58.6	59.6	60.7	61.7	62.7	63.7	64.7	65.7	66.7	67.7
22	54.2	55.2	56.2	57.2	58.2	59.2	60.3	61.3	62.3	63.3	64.3	65.3	66.3	67.3
23	53.8	54.8	55.8	56.8	57.8	58.8	59.8	60.9	61.9	62.9	63.9	64.9	65.9	66.9
24	53.4	54.4	55.4	56.4	57.4	58.4	59.4	60.5	61.5	62.5	63.5	64.5	65.5	66.5
25	53	54	55	56	57	58	59	60.1	61.1	62.1	63.1	64.1	65.1	66.1
26	52.5	53.5	54.5	55.6	56.6	57.6	58.6	59.6	60.7	61.7	62.7	63.7	64.7	65.7
27	52.2	53.2	54.2	55.2	56.2	57.2	58.3	59.3	60.3	61.3	62.3	63.3	64.3	65.3
28	51.8	52.8	53.8	54.8	55.8	56.8	57.8	58.8	59.9	60.9	61.9	62.9	63.9	64.9
29	51.4	52.4	53.4	54.4	55.4	56.4	57.4	58.5	59.5	60.5	61.5	62.5	63.5	64.5
30	51	52	53	54	55	56	57.1	58.1	59.1	60.1	61.1	62.1	63.1	64.1

Indications de l'alcoomètre.

	71°	72°	73°	74°	75°	76°	77°	78°	79°	80°	81°	82°	83°	84°	85°
0	76.6	77.6	78.6	79.6	80.6	81.6	82.6	83.6	84.5	85.5	86.4	87.4	88.3	89.2	90.2
1	76.2	77.2	78.2	79.2	80.2	81.2	82.2	83.2	84.2	85.1	86.1	87	88	89	89.9
2	75.9	76.9	77.9	78.9	79.9	80.9	81.9	82.9	83.8	84.7	85.7	86.6	87.6	88.6	89.6
3	75.5	76.5	77.5	78.5	79.5	80.5	81.5	82.5	83.4	84.4	85.3	86.3	87.3	88.3	89.2
4	75.1	76.1	77.1	78.1	79.1	80.1	81.1	82.1	83	84	85	86	87	88	88.9
5	74.8	75.7	76.7	77.7	78.7	79.7	80.7	81.7	82.7	83.7	84.7	85.6	86.6	87.6	88.5
6	74.4	75.3	76.3	77.3	78.3	79.3	80.3	81.3	82.3	83.3	84.3	85.3	86.3	87.3	88.2
7	74	75	76	77	78	79	80	81	82	82.9	83.9	84.9	85.9	86.9	87.9
8	73.6	74.6	75.6	76.6	77.6	78.6	79.6	80.6	81.6	82.6	83.6	84.6	85.6	86.5	87.5
9	73.3	74.2	75.2	76.2	77.2	78.2	79.2	80.2	81.2	82.2	83.2	84.2	85.2	86.2	87.1
10	72.9	73.9	74.9	75.9	76.9	77.9	78.9	79.9	80.9	81.9	82.8	83.8	84.8	85.8	86.8
11	72.6	73.5	74.5	75.5	76.5	77.5	78.5	79.5	80.5	81.5	82.5	83.4	84.4	85.4	86.4
12	72.2	73.1	74.1	75.1	76.1	77.1	78.1	79.1	80.1	81.1	82.1	83.1	84.1	85	86
13	71.8	72.8	73.8	74.8	75.8	76.8	77.8	78.8	79.8	80.8	81.8	82.8	83.8	84.8	85.7
14	71.4	72.4	73.4	74.4	75.4	76.4	77.4	78.4	79.4	80.4	81.4	82.4	83.4	84.4	85.4
15	71	72	73	74	75	76	77	78	79	80	81	82	83	84	85
16	70.6	71.6	72.6	73.6	74.6	75.6	76.6	77.6	78.6	79.6	80.6	81.6	82.6	83.6	85.6
17	70.2	71.2	72.2	73.2	74.2	75.2	76.2	77.2	78.2	79.2	80.2	81.2	82.2	83.2	84.2
18	69.8	70.8	71.8	72.8	73.8	74.9	75.9	76.9	77.9	78.9	79.9	80.9	81.9	82.9	83.9
19	69.5	70.5	71.5	72.5	73.5	74.5	75.5	76.5	77.5	78.5	79.5	80.5	81.6	82.6	83.6
20	69.1	70.1	71.1	72.1	73.1	74.1	75.1	76.1	77.1	78.1	79.1	80.1	81.2	82.2	83.2
21	68.7	69.7	70.7	71.7	72.7	73.7	74.7	75.8	76.8	77.8	78.7	79.7	80.8	81.8	82.8
22	68.3	69.3	70.3	71.3	72.3	73.3	74.3	75.4	76.4	77.4	78.4	79.4	80.4	81.4	82.4
23	67.9	68.9	70	71	72	73	74	75	76	77	78	79	80.1	81.1	82.1
24	67.5	68.5	69.6	70.6	71.6	72.6	73.6	74.6	75.6	76.6	77.6	78.6	79 7	80.7	81.7
25	67.1	68.1	69.2	70.2	71.2	72.2	73.2	74.2	75.3	76.3	77.3	78.3	79.3	80.3	81.3
26	66.7	67.7	68.8	69.8	70.8	71.8	72.8	73.8	74.8	75.9	76.9	77.9	78.9	79.9	80.9
27	66.3	67.3	68.4	69.4	70.4	71.4	72.4	73.4	74.4	75.5	76.5	77.5	78.5	70.5	80.5
28	66	67	68	69.1	70.1	71.1	72.1	73.1	74.1	75.1	76.1	77.1	78.2	79.2	80.2
29	65.6	66.6	67.7	68.7	69.7	70.7	71.7	72.7	73.7	74.7	75.7	76.8	77.8	78.8	79.8
30	65.2	66.2	67.3	68.3	69.3	70.3	71.3	72.3	73.3	74.3	75.3	76.4	77.4	78.4	79.4

Indications de l'alcoomètre.

TEMPÉRATURE. — DEGRÉS DU THERMOMÈTRE

	86°	87°	88°	89°	90°	91°	92°	93°	94°	95°	96°	97°	98°	99°	100°
0	91.2	92.2	93.1	94	95	95.9	96.8	97.7	98.6	99.5	»	»	»	»	»
1	90.8	91.8	92.8	93.7	94.6	95.6	96.5	97.4	98.3	99.2	100	»	»	»	»
2	90.5	91.5	92.4	93.4	94.3	95.2	96.1	97	97.9	98.9	99.8	»	»	»	»
3	90.2	91.2	92.1	93	94	94.9	95.8	96.7	97.7	98.6	99.5	»	»	»	»
4	89.9	90.8	91.8	92.7	93.7	94.6	95.5	96.4	97.4	98.3	99.2	»	»	»	»
5	89.5	90.5	91.4	92.4	93.3	94.3	95.2	96.2	97.1	98	98.9	99.8	»	»	»
6	89.2	90.1	91	92	93	93.9	94.9	95.9	96.8	97.7	98.7	99.6	»	»	»
7	88.8	89.8	90.7	91.7	92.6	93.6	94.6	95.6	96.5	97.4	98.4	99.3	»	»	»
8	88.5	89.4	90.5	91.3	92.3	93.3	94.3	95.3	96.2	97.1	98.1	99	99.8	»	»
9	88.1	89.1	90	91	92	93	94	95	95.9	96.8	97.8	98.7	99.7	»	»
10	87.8	88.7	89.7	90.7	91.7	92.7	93.7	94.7	95.6	96.5	97.5	98.5	99.4	»	»
11	87.4	88.4	89.4	90.3	91.4	92.4	93.3	94.3	95.3	96.2	97.2	98.2	99.1	»	»
12	87	88	89	90	91	92	93	94	95	95.9	96.9	97.9	98.8	99.8	»
13	86.7	87.7	88.7	89.7	90.7	91.7	92.7	93.7	94.6	95.6	96.6	97.6	98.6	99.5	»
14	86.4	87.4	88.3	89.3	90.3	91.3	92.3	93.3	94.3	95.3	96.3	97.3	98.3	99.3	»
15	86	87	88	89	90	91	92	93	94	95	96	97	98	99	100
16	85.6	86.6	87.6	88.6	89.6	90.7	91.7	92.7	93.7	94.7	95.7	96.7	97.7	98.7	99.7
17	85.2	86.2	87.2	88.2	89.3	90.3	91.3	92.4	93.4	94.4	95.4	96.4	97.4	98.5	99.5
18	84.9	85.9	86.9	87.9	88.9	89.9	91	92	93	94	95.1	96.1	97.1	98.2	99.2
19	84.6	85.6	86.6	87.6	88.6	89.6	90.7	91.7	92.7	93.7	94.8	95.8	96.9	97.9	98.9
20	84.2	85.2	86.2	87.2	88.2	89.2	90.3	91.3	92.4	93.4	94.5	95.5	96.6	97.6	98.6
21	83.8	84.8	85.9	86.9	87.9	88.9	90	91	92	93.1	94.1	95.2	96.3	97.3	98.4
22	83.4	84.4	85.5	86.5	87.6	88.6	89.6	90.7	91.8	92.8	93.9	94.9	96	97	98.1
23	83.1	84.1	85.1	86.1	87.2	88.3	89.3	90.4	91.4	92.4	93.5	94.6	95.7	96.7	97.8
24	82.7	83.7	84.7	85.7	86.8	87.9	88.9	90	91.1	92.1	93.2	94.3	95.3	96.4	97.5
25	82.3	83.4	84.4	85.4	86.5	87.5	88.6	89.7	90.7	91.8	92.9	93.9	95	96.1	97.2
26	81.9	82.9	84	85	86.1	87.2	88.2	89.3	90.4	91.5	92.5	93.6	94.7	95.8	97
27	81.6	82.6	83.6	84.7	85.7	86.8	87.9	89	90	91.1	92.2	93.3	94.4	95.5	96.7
28	81.3	82.3	83.3	84.3	85.4	86.5	87.5	88.6	89.7	90.8	91.9	93	94.1	95.2	96.4
29	80.9	81.9	83	84	85	86.1	87.2	88.2	89.3	90.4	91.6	92.7	93.8	94.9	96.1
30	80.5	81.5	82.6	83.6	84.7	85.8	86.9	87.9	89	90.1	91.2	92.4	93.5	94.6	95.8

Degrés centésimaux et degrés Cartier

Table de conversion des degrés

CONVERSION DES DEGRÉS CENTÉSIMAUX EN DEGRÉS DE CARTIER

Degrés centésimaux	Degrés de Cartier	Degrés centésimaux	Degrés de Cartier	Degrés centésimaux	Degrés de Cartier	Degrés centésimaux	Degrés de Cartier
0	10.03	26	14.12	51	19.54	76	28.88
1	10.23	27	14.26	52	19.85	77	29.34
2	10.43	28	14.42	53	20.15	78	29.81
3	10.62	29	14.57	54	20.47	79	30.29
4	10.80	30	14.73	55	20.79	80	30.76
5	10.97	31	14.90	56	21.11	81	31.26
6	11.16	32	15.07	57	21.43	82	31.76
7	11.33	33	15.24	58	21.76	83	32.28
8	11.49	34	15.43	59	22.10	84	32.80
9	11.66	35	15.63	60	22.46	85	33.33
10	11.82	36	15.83	61	22.82	86	33.88
11	11.98	37	16.02	62	23.18	87	34.43
12	12.14	38	16.22	6	23.55	88	35.01
13	12.28	39	16.43	64	23.92	89	35.62
14	12.43	40	16.66	65	24.29	90	36.24
15	12.57	41	16.88	66	24.67	91	36.89
16	12.70	42	17.12	67	25.05	92	37.55
17	12.84	43	17.37	68	25.45	93	38.24
18	12.97	44	17.62	69	25.85	94	38.95
19	13.10	45	17.88	70	26.26	95	39.70
20	13.25	46	18.14	71	26.68	96	40.49
21	13.38	47	18.42	72	27.11	97	41.33
22	13.52	48	18.69	73	27.64	98	42.25
23	13.67	49	18.97	74	27.98	99	43.19
24	13.83	50	19.25	75	28.43	100	44.19
25	13.97						

TABLEAU DE MOUILLAGE

INDIQUANT LA QUANTITÉ D'EAU À EMPLOYER PAR HECTOLITRE D'ALCOOL POUR LA RÉDUCTION DE DEGRÉS SUPÉRIEURS À DEGRÉS INFÉRIEURS

DEGRÉS à réduire	DEGRÉS à obtenir	QUANTITÉ d'eau à ajouter	DEGRÉS à réduire	DEGRÉS à obtenir	QUANTITÉ d'eau à ajouter	DEGRÉS à réduire	DEGRÉS à obtenir	QUANTITÉ d'eau à ajouter	DEGRÉS à réduire	DEGRÉS à obtenir	QUANTITÉ d'eau à ajouter	DEGRÉS à réduire	DEGRÉS à obtenir	QUANTITÉ d'eau à ajouter
de	à	lit. déc.	de	à	lit. déc.	de	à	lit. déc.	de	à	lit. déc.	de	à	lit. déc.
95°	39°	150,6	95°	80°	20,9	94°	63°	53,3	93°	47°	103,6	93°	88°	6,4
»	40	144,5	»	81	19,3	»	64	50,8	»	48	99,4	»	89	5,4
»	41	138,5	»	82	17,8	»	65	48,4	»	49	95,3	»	90	3,8
»	42	132,9	»	83	16,3	»	66	46,1	»	50	91,4	»	91	2,5
»	43	127,6	»	84	14,8	»	67	43,9	»	51	87,6	»	92	1,2
»	44	122,4	»	85	13,3	»	68	41,7	»	52	84,0	92°	38°	146,3
»	45	117,5	»	86	11,9	»	69	39,6	»	53	80,5	»	39	141,5
»	46	112,8	»	87	10,5	»	70	37,5	»	54	77,2	»	40	136,2
»	47	108,3	»	88	9,1	»	71	35,5	»	55	73,9	»	41	130,5
»	48	104,0	»	89	7,7	»	72	33,5	»	56	70,8	»	42	125,1
»	49	99,9	»	90	6,4	»	73	31,6	»	57	67,7	»	43	119,9
»	50	95,9	»	91	5,1	»	74	29,8	»	58	64,8	»	44	114,9
»	51	92,0	»	92	3,8	»	75	27,9	»	59	62,0	»	45	110,2
»	52	88,3	»	93	2,5	»	76	26,2	»	60	59,2	»	46	105,2
»	53	84,7	»	94	1,2	»	77	24,4	»	61	56,5	»	47	101,3
»	54	81,3	94°	38°	152,3	»	78	22,7	»	62	54,0	»	48	97,1
»	55	78,0	»	39	147,6	»	79	21,1	»	63	51,5	»	49	93,1
»	56	74,8	»	40	141,7	»	80	19,5	»	64	49,1	»	50	89,2
»	57	71,8	»	41	135,9	»	81	17,9	»	65	46,7	»	51	85,5
»	58	68,7	»	42	130,3	»	82	16,4	»	66	44,4	»	52	81,9
»	59	65,8	»	43	125,0	»	83	14,9	»	67	42,2	»	53	78,4
»	60	63,0	»	44	119,9	»	84	13,4	»	68	40,0	»	54	75,1
»	61	60,3	»	45	115,1	»	85	11,9	»	69	37,9	»	55	71,9
»	62	57,6	»	46	110,4	»	86	10,5	»	70	35,9	»	56	68,8
»	63	55,1	»	47	105,9	»	87	9,1	»	71	33,4	»	57	65,8
»	64	52,6	»	48	101,7	»	88	7,8	»	72	31,9	»	58	62,9
»	65	50,2	»	49	97,6	»	89	6,4	»	73	30,1	»	59	60,0
»	66	47,9	»	50	93,6	»	90	5,1	»	74	28,2	»	60	57,3
»	67	45,6	»	51	89,8	»	91	3,8	»	75	26,4	»	61	54,7
»	68	43,4	»	52	86,2	»	92	2,5	»	76	24,7	»	62	52,2
»	69	41,2	»	53	82,6	»	93	1,2	»	77	22,9	»	63	49,7
»	70	39,1	»	54	79,2	93°	38°	150,0	»	78	21,3	»	64	47,3
»	71	37,1	»	55	75,9	»	39	144,6	»	79	19,6	»	65	45,0
»	72	35,1	»	56	72,8	»	40	138,9	»	80	18,1	»	66	42,7
»	73	33,2	»	57	69,7	»	41	133,2	»	81	16,5	»	67	40,5
»	74	31,3	»	58	66,7	»	42	127,7	»	82	15,0	»	68	38,3
»	75	29,5	»	59	63,9	»	43	122,4	»	83	13,5	»	69	36,3
»	76	27,7	»	60	61,1	»	44	117,4	»	84	12,0	»	70	34,2
»	77	25,9	»	61	58,4	»	45	112,6	»	85	10,6	»	71	32,3
»	78	24,2	»	62	55,8	»	46	108,0	»	86	9,2	»	72	30,4
»	79	22,6							»	87	7,8			

TABLEAU DE MOUILLAGE

(Suite).

DEGRÉS à réduire	DEGRÉS à obtenir	QUANTITÉ d'eau à ajouter	DEGRÉS à réduire	DEGRÉS à obtenir	QUANTITÉ d'eau à ajouter	DEGRÉS à réduire	DEGRÉS à obtenir	QUANTITÉ d'eau à ajouter	DEGRÉS à réduire	DEGRÉS à obtenir	QUANTITÉ d'eau à ajouter
de	à	lit. déc.	de	à	lit. déc.	de	à	lit. déc.	de	à	lit. déc.
92°	73°	27,8	91°	60°	54,9	90°	48°	92,5	89°	38°	140,0
»	74	26,0	»	61	52,3	»	49	88,6	»	39	133,9
»	75	24,3	»	62	49,8	»	50	84,8	»	40	128,1
»	76	22,6	»	63	47,4	»	51	81,2	»	41	122,6
»	77	20,9	»	64	45,0	»	52	77,7	»	42	117,3
»	78	19,3	»	65	42,7	»	53	74,3	»	43	112,3
»	79	17,7	»	66	40,5	»	54	71,0	»	44	107,5
»	80	16.2	»	67	38,4	»	55	67,9	»	45	102,9
»	81	14,7	»	68	36,3	»	56	64,8	»	46	98,5
»	82	13,2	»	69	34,3	»	57	61,9	»	47	94,3
»	83	11,8	»	70	32,3	»	58	59,1	»	48	90,2
»	84	10.3	»	71	30,3	»	59	56,3	»	49	86,3
»	85	9,0	»	72	28,5	»	60	53,7	»	50	82,6
»	86	7,6	»	73	26,6	»	61	51,1	»	51	79,0
»	87	6,3	»	74	24,8	»	62	48,6	»	52	75,5
»	88	5,0	»	75	23,1	»	63	46,2	»	53	72,2
»	89	3,7	»	76	21,4	»	64	43,8	»	54	69,0
»	90	2,4	»	77	19,7	»	65	41,5	»	55	65,9
»	91	1,2	»	78	18,1	»	66	39,3	»	56	62,9
			»	79	16,5	»	67	37,2	»	57	60,0
91°	38°	144,0	»	80	15,0	»	68	35,1	»	58	57,2
»	39	137,9	»	81	13,5	»	69	33,1	»	59	54,4
»	40	132,0	»	82	12,0	»	70	31,1	»	60	51,8
»	41	126,4	»	83	10,6	»	71	29,1	»	61	49,3
»	42	121,1	»	84	9,1	»	72	27,3	»	62	46,8
»	43	116,0	»	85	7,8	»	73	25,4	»	63	44,4
»	44	111,2	»	86	6,4	»	74	23,6	»	64	42,1
»	45	106,5	»	87	5,1	»	75	21,9	»	65	39,8
»	46	102,1	»	88	3,8	»	76	20,2	»	66	37,6
»	47	97,8	»	89	2,5	»	77	18,5	»	67	35,5
»	48	93,7	»	90	1,3	»	78	16,9	»	68	33,4
»	49	89,8	90°	38°	142,8	»	79	15,3	»	69	31,4
»	50	86,0	»	39	136,7	»	80	13,8	»	70	29,5
»	51	82,4	»	40	130,8	»	81	12,3	»	71	27,5
»	52	78,9	»	41	125,2	»	82	10,8	»	72	25,7
»	53	75,5	»	42	119,9	»	83	9,4	»	73	23,9
»	54	72,2	»	43	114,8	»	84	7,9	»	74	22,1
»	55	69,1	»	44	110,0	»	85	6,6	»	75	20,4
»	56	66,0	»	45	105,3	»	86	5,2	»	76	18,7
»	57	63,1	»	46	100,9	»	87	3,9	»	77	17,1
»	58	60,3	»	47	96,6	»	88	2,6	»	78	15,5
»	59	57,5				»	89	1,3	»	79	13,9

TABLEAU DE MOUILLAGE

(*Suite*)

DEGRÉS à réduire	DEGRÉS à obtenir	QUANTITÉ d'eau à ajouter	DEGRÉS à réduire	DEGRÉS à obtenir	QUANTITÉ d'eau à ajouter	DEGRÉS à réduire	DEGRÉS à obtenir	QUANTITÉ d'eau à ajouter	DEGRÉS à réduire	DEGRÉS à obtenir	QUANTITÉ d'eau à ajouter
de	à	lit. déc.	de	à	lit. déc.	de	à	lit. déc.	de	à	lit. déc.
89°	80°	12.4	88°	70°	27,9	87°	61°	45,6	86°	53°	66,0
»	81	10,9	»	71	26.0	»	62	43.2	»	54	62.9
»	82	9.4	»	72	24.1	»	63	40,9	»	55	57.9
»	83	8,0	»	73	22,3	»	64	38,6	»	56	57.0
»	84	6.6	»	74	20.6	»	65	36,4	»	57	54,2
»	85	5.2	»	75	18.9	»	66	34,3	»	58	51.5
»	86	3.9	»	76	17.2	»	67	32,2	»	59	48,8
»	87	2.6	»	77	15.6	»	68	30,2	»	60	46.3
»	88	1.3	»	78	14.0	»	69	28.2	»	61	43.8
			»	79	12,5	»	70	26.3	»	62	41,5
88°	38°	137.1	»	80	11.0	»	71	24.4	»	63	39.1
»	39	131.1	»	81	9,5	»	72	22.6	»	64	36.9
»	40	125.4	»	82	8,1	»	73	20.8	»	65	34,7
»	41	120.0	»	83	6.6	»	74	19.1	»	66	32,6
»	42	114.7	»	84	5.3	»	75	17.4	»	67	30,5
»	43	109,8	»	85	3.9	»	76	15.8	»	68	28.5
»	44	105,0	»	86	2,6	»	77	14.2	»	69	26,6
»	45	100.5	»	87	1.3	»	78	12.6	»	70	24,7
»	46	96,1				»	79	11.1	»	71	22.9
»	47	92,0	87°	38°	134.3	»	80	9.6	»	72	21.1
»	48	88,0	»	39	128.4	»	81	8.1	»	73	19,3
»	49	84.1	»	40	122.7	»	82	6.7	»	74	17.6
»	50	80,4	»	41	117.3	»	83	5,3	»	75	15.9
»	51	76.9	»	42	112.2	»	84	3.9	»	76	14,3
»	52	73.4	»	43	107.3	»	85	2.6	»	77	12.7
»	53	70.1	»	44	102.6	»	86	1,3	»	78	11,2
»	54	66.9	»	45	98.1				»	79	9,7
»	55	63,9	»	46	93.8	86°	38°	131.5	»	80	8,2
»	56	60.9	»	47	89,7	»	39	125,6	»	81	6,8
»	57	58.0	»	48	85,7	»	40	120,0	»	82	5,4
»	58	55.3	»	49	81,9	»	41	114.7	»	83	4,0
»	59	52.6	»	50	78.2	»	42	109.6	»	84	2,6
»	60	50.0	»	51	74.7	»	43	104.8	»	85	1,3
»	61	47.4	»	52	71.3	»	44	100.1			
»	62	45.0	»	53	68,1	»	45	95,7	85°	38°	128,7
»	63	42.6	»	54	64.9	»	46	91.4	»	39	122.9
»	64	40.3	»	55	61.9	»	47	87.4	»	40	117.3
»	65	38,1	»	56	58.9	»	48	83.4	»	41	112,1
»	66	35.9	»	57	56.1	»	49	79.7	»	42	107,1
»	67	33.8	»	58	53,4	»	50	76,1	»	43	102,3
»	68	31,8	»	59	50,7	»	51	72,6	»	44	97.7
»	69	29,8	»	60	48,1	»	52	69,2	»	45	93,3

TABLEAU DE MOUILLAGE
(*Suite*)

DEGRÉS à réduire	DEGRÉS à obtenir	QUANTITÉ d'eau à ajouter
de	à	lit. déc.
85°	46°	89,1
»	47	85,1
»	48	81,2
»	49	77,5
»	50	73,9
»	51	70,5
»	52	67,1
»	53	64,0
»	54	60,9
»	55	57,9
»	56	55,0
»	57	52,3
»	58	49,6
»	59	47,0
»	60	44,5
»	61	42,1
»	62	39,7
»	63	37,4
»	64	33,2
»	65	33,0
»	66	30,9
»	67	28,9
»	68	26,9
»	69	25,0
»	70	23,1
»	71	21,3
»	72	19,5
»	73	17,8
»	74	16,1
»	75	14,5
»	76	12,9
»	77	11,3
»	78	9,8
»	79	8,3
»	80	6,8
»	81	5,4
»	82	4,0
»	83	2,6
»	84	1,3
84°	38°	125,9
»	39	120,1

DEGRÉS à réduire	DEGRÉS à obtenir	QUANTITÉ d'eau à ajouter
de	à	lit. déc.
84°	40°	114,7
»	41	109,5
»	42	104,5
»	43	99,8
»	44	95,5
»	45	90,9
»	46	86,7
»	47	82,8
»	48	78,9
»	49	75,3
»	50	71,7
»	51	68,3
»	52	65,1
»	53	61,9
»	54	58,9
»	55	55,9
»	56	53,4
»	57	50,4
»	58	47,7
»	59	45,1
»	60	42,7
»	61	40,3
»	62	37,9
»	63	35,7
»	64	33,5
»	65	31,3
»	66	29,3
»	67	27,3
»	68	25,3
»	69	23,4
»	70	21,6
»	71	19,8
»	72	18,0
»	73	16,3
»	74	14,6
»	75	13,0
»	76	11,4
»	77	9,9
»	78	8,4
»	79	6,9
»	80	5,5
»	81	4,0

DEGRÉS à réduire	DEGRÉS à obtenir	QUANTITÉ d'eau à ajouter
de	à	lit. déc.
84°	82°	2,7
»	83	1,3
83°	38°	123,1
»	39	117,4
»	40	112,0
»	41	106,9
»	42	102,0
»	43	97,3
»	44	92,8
»	45	88,5
»	46	84,4
»	47	80,5
»	48	76,7
»	49	73,1
»	50	69,6
»	51	66,2
»	52	63,0
»	53	59,9
»	54	56,9
»	55	54,0
»	56	51,2
»	57	48,5
»	58	45,8
»	59	43,3
»	60	40,9
»	61	38,5
»	62	36,2
»	63	33,9
»	64	31,8
»	65	29,7
»	66	27,6
»	67	25,6
»	68	23,7
»	69	21,8
»	70	20,0
»	71	18,2
»	72	16,5
»	73	14,8
»	74	13,1
»	75	11,6
»	76	10,0

DEGRÉS à réduire	DEGRÉS à obtenir	QUANTITÉ d'eau à ajouter
de	à	lit. déc.
83°	77°	8,5
»	78	7,0
»	79	5,5
»	80	4,4
»	81	2,7
»	82	1,3
82°	38°	120,3
»	39	114,7
»	40	109,3
»	41	104,3
»	42	99,4
»	43	94,8
»	44	90,4
»	45	86,1
»	46	82,1
»	47	78,2
»	48	74,5
»	49	70,9
»	50	67,4
»	51	64,1
»	52	60,9
»	53	57,8
»	54	54,9
»	55	52,0
»	56	49,2
»	57	46,5
»	58	44,0
»	59	41,5
»	60	39,0
»	61	36,7
»	62	34,4
»	63	32,2
»	64	30,1
»	65	28,0
»	66	26,0
»	67	24,0
»	68	22,1
»	69	20,3
»	70	18,4
»	71	16,7
»	72	15,0

TABLEAU DE MOUILLAGE

(Suite)

DEGRÉS à réduire	DEGRÉS à obtenir	QUANTITÉ d'eau à ajouter	DEGRÉS à réduire	DEGRÉS à obtenir	QUANTITÉ d'eau à ajouter	DEGRÉS à réduire	DEGRÉS à obtenir	QUANTITÉ d'eau à ajouter	DEGRÉS à réduire	DEGRÉS à obtenir	QUANTITÉ d'eau à ajouter
de	à	lit. déc.	de	à	lit. déc.	de	à	lit. déc.	de	à	lit. déc.
82°	73°	13,3	81°	70°	16,9	80°	68°	18,9	79°	67°	19,2
»	74	11,7	»	71	15,2	»	69	17,1	»	68	17,3
»	75	10,1	»	72	13,5	»	70	15,3	»	69	15,5
»	76	8,5	»	73	11,8	»	71	13,6	»	70	13,8
»	77	7,0	»	74	13,2	»	72	12,0	»	71	12,1
»	78	5,6	»	75	8,6	»	73	10,3	»	72	10,5
»	79	4,1	»	76	7,1	»	74	8,7	»	73	8,8
»	80	2,7	»	77	5,6	»	75	7,2	»	74	7,3
»	81	1,3	»	78	4,2	»	76	5,7	»	75	5,7
			»	79	2,7	»	77	4,2	»	76	4,3
81°	38°	117,5	»	80	1,4	»	78	2,8	»	77	2,8
»	39	111,9	»			»	79	1,4	»	78	1,4
»	40	106,7	80°	38°	114,7						
»	41	101,7	»	39	109,2	79°	38°	111,9	78°	38°	109,1
»	42	96,9	»	40	104,0	»	39	106,5	»	39	103,8
»	43	92,3	»	41	99,1	»	40	101,4	»	40	98,7
»	44	87,9	»	42	94,3	»	41	96,5	»	41	93,9
»	45	83,7	»	43	89,8	»	42	91,8	»	42	89,3
»	46	79,7	»	44	85,5	»	43	87,3	»	43	84,9
»	47	75,9	»	45	81,3	»	44	83,1	»	44	80,7
»	48	72,2	»	46	77,4	»	45	79,0	»	45	76,6
»	49	68,7	»	47	73,6	»	46	75,1	»	46	72,8
»	50	65,3	»	48	70,0	»	47	71,3	»	47	69,1
»	51	62,0	»	49	66,5	»	48	67,8	»	48	65,5
»	52	58,8	»	50	63,1	»	49	64,3	»	49	62,1
»	53	55,8	»	51	59,9	»	50	61,0	»	50	58,8
»	54	52,9	»	52	56,8	»	51	57,8	»	51	55,7
»	55	50,0	»	53	53,8	»	52	54,7	»	52	52,7
»	56	47,3	»	54	50,9	»	53	51,7	»	53	49,7
»	57	44,7	»	55	48,1	»	54	48,9	»	54	46,9
»	58	42,1	»	56	45,4	»	55	46,1	»	55	44,2
»	59	39,6	»	57	42,8	»	56	43,4	»	56	41,5
»	60	37,2	»	58	40,2	»	57	40,9	»	57	39,0
»	61	34,9	»	59	37,8	»	58	38,4	»	58	36,5
»	62	32,7	»	60	35,4	»	59	36,0	»	59	34,1
»	63	30,5	»	61	33,1	»	60	33,6	»	60	31,8
»	64	28,4	»	62	30,9	»	61	31,4	»	61	29,6
»	65	26,3	»	63	28,8	»	62	29,2	»	62	27,4
»	66	24,3	»	64	26,7	»	63	27,1	»	63	25,3
»	67	22,4	»	65	24,7	»	64	25,0	»	64	23,3
»	68	20,5	»	66	22,7	»	65	23,0	»	65	21,3
»	69	18,7	»	67	20,8	»	66	21,1	»	66	19,4

TABLEAU DE MOUILLAGE
(Suite)

DEGRÉS à réduire	DEGRÉS à obtenir	QUANTITÉ d'eau à ajouter
de	à	lit. déc.
78°	67°	17,6
»	68	15,7
»	69	14,0
»	70	12,3
»	71	10,6
»	72	9,0
»	73	7,4
»	74	5,8
»	75	4,3
»	76	2,8
»	77	1,4
77°	38°	106,3
»	39	101,1
»	40	96,1
»	41	91,3
»	42	86,7
»	43	82,4
»	44	78,2
»	45	74,3
»	46	70,5
»	47	66,8
»	48	63,3
»	49	59,9
»	50	56,7
»	51	53,6
»	52	50,6
»	53	47,7
»	54	44,9
»	55	42,2
»	56	39,6
»	57	37,1
»	58	34,7
»	59	32,3
»	60	30,0
»	61	27,8
»	62	25,7
»	63	23,6
»	64	21,6
»	65	19,7
»	66	17,8
»	67	15,9

DEGRÉS à réduire	DEGRÉS à obtenir	QUANTITÉ d'eau à ajouter
de	à	lit. déc.
77°	68°	14,2
»	69	12,4
»	70	10,7
»	71	9,1
»	72	7,5
»	73	5,9
»	74	4,4
»	75	2,9
»	76	1,4
76°	38°	103,5
»	39	98,3
»	40	93,4
»	41	88,7
»	42	84,2
»	43	79,9
»	44	75,8
»	45	71,2
»	46	68,1
»	47	64,5
»	48	61,1
»	49	57,8
»	50	54,6
»	51	51,5
»	52	48,5
»	53	45,7
»	54	42,9
»	55	40,3
»	56	37,7
»	57	35,2
»	58	32,8
»	59	30,5
»	60	28,3
»	61	26,1
»	62	24,0
»	63	21,9
»	64	19,9
»	65	18,0
»	66	16,2
»	67	14,3
»	68	12,6
»	69	10,9

DEGRÉS à réduire	DEGRÉS à obtenir	QUANTITÉ d'eau à ajouter
de	à	lit. déc.
76°	70°	9,2
»	71	7,5
»	72	6,0
»	73	4,4
»	74	2,9
»	75	1,4
75°	38°	100,8
»	39	95,6
»	40	90,8
»	41	86,1
»	42	81,7
»	43	77,5
»	44	73,4
»	45	69,5
»	46	65,8
»	47	62,3
»	48	58,9
»	49	55,6
»	50	52,4
»	51	49,4
»	52	46,5
»	53	43,7
»	54	40,9
»	55	38,3
»	56	35,8
»	57	33,3
»	58	31,0
»	59	28,7
»	60	26,5
»	61	24,3
»	62	22,2
»	63	20,2
»	64	18,3
»	65	16,4
»	66	14,5
»	67	12,7
»	68	11,0
»	69	9,3
»	70	7,6
»	71	6,0
»	72	4,5

DEGRÉS à réduire	DEGRÉS à obtenir	QUANTITÉ d'eau à ajouter
de	à	lit. déc.
75°	73°	2,9
"	74	1,4
74°	38°	98,0
»	39	92,9
»	40	88,1
»	41	83,5
»	42	79,2
»	43	75,0
»	44	71,0
»	45	67,2
»	46	63,5
»	47	60,0
»	48	56,7
»	49	53,4
»	50	50,3
»	51	47,3
»	52	44,4
»	53	41,6
»	54	39,0
»	55	36,4
»	56	33,9
»	57	31,5
»	58	29,1
»	59	26,9
»	60	24,7
»	61	22,6
»	62	20,5
»	63	18,5
»	64	16,6
»	65	14,7
»	66	12,9
»	67	11,1
»	68	9,4
»	69	7,7
»	70	6,1
»	71	4,5
»	72	3,0
»	73	1,5
73°	38°	95,2
»	39	90,2

TABLEAU DE MOUILLAGE
(Suite)

Degrés à réduire	Degrés à obtenir	Quantité d'eau à ajouter	Degrés à réduire	Degrés à obtenir	Quantité d'eau à ajouter	Degrés à réduire	Degrés à obtenir	Quantité d'eau à ajouter	Degrés à réduire	Degrés à obtenir	Quantité d'eau à ajouter
de	à	lit. déc.	de	à	lit. déc.	de	à	lit. déc.	de	à	lit. déc.
-3°	40°	85,5	-2°	46°	58,9	-1°	53°	35,6	70°	61°	15,6
»	41	81,0	»	47	55,5	»	54	33,1	»	62	13,6
»	42	76,7	»	48	52,2	»	55	30,6	»	63	11,7
»	43	72,5	»	49	49,1	»	56	28,2	»	64	9,7
»	44	68,6	»	50	46,0	»	57	25,9	»	65	8,1
»	45	64,8	»	51	43,1	»	58	23,6	»	66	6,4
»	46	61,2	»	52	40,3	»	59	21,4	»	67	4,7
»	47	57,8	»	53	37,6	»	60	19,2	»	68	3,1
»	48	54,4	»	54	35,0	»	61	17,3	»	69	1,5
»	49	51,2	»	55	32,5	»	62	15,3			
»	50	48,2	»	56	30,1	»	63	13,4	69°	38°	84,1
»	51	45,2	»	57	27,7	»	64	11,6	»	39	79,4
»	52	42,4	»	58	25,5	»	65	9,8	»	40	75,0
»	53	39,6	»	59	23,2	»	66	8,0	»	41	70,7
»	54	37,0	»	60	21,1	»	67	6,3	»	42	66,6
»	55	34,4	»	61	19,1	»	68	4,7	»	43	62,7
»	56	32,0	»	62	17,1	»	69	3,1	»	44	59,0
»	57	29,6	»	63	15,1	»	70	1,5	»	45	55,4
»	58	27,3	»	64	13,2				»	46	52,0
»	59	25,1	»	65	11,4	70°	38°	86,9	»	47	48,7
»	60	22,9	»	66	9,7	»	39	82,1	»	48	45,6
»	61	20,8	»	67	7,9	»	40	77,6	»	49	42,6
»	62	18,8	»	68	6,3	»	41	73,2	»	50	39,7
»	63	16,8	»	69	4,6	»	42	69,1	»	51	36,9
»	64	14,9	»	70	3,0	»	43	65,2	»	52	34,2
»	65	13,1	»	71	1,5	»	44	61,4	»	53	31,6
»	66	11,3				»	45	57,8	»	54	29,1
»	67	9,5	-1°	38°	89,7	»	46	54,3	»	55	26,7
»	68	7,8	»	39	84,8	»	47	51,0	»	56	24,4
»	69	6,2	»	40	80,2	»	48	47,8	»	57	22,1
»	70	4,6	»	41	75,8	»	49	44,7	»	58	20,0
»	71	3,0	»	42	71,6	»	50	41,8	»	59	17,8
»	72	1,5	»	43	67,6	»	51	39,0	»	60	15,8
			»	44	63,8	»	52	36,2	»	61	13,8
72°	38°	92,4	»	45	60,1	»	53	33,6	»	62	11,9
»	39	87,5	»	46	56,6	»	54	31,4	»	63	10,1
»	40	82,8	»	47	53,2	»	55	28,6	»	64	8,2
»	41	78,4	»	48	50,0	»	56	26,3	»	65	6,5
»	42	74,1	»	49	46,9	»	57	24,0	»	66	4,8
»	43	70,1	»	50	43,9	»	58	21,8	»	67	3,2
»	44	66,2	»	51	41,1	»	59	19,6	»	68	1,6
»	45	62,5	»	52	38,3	»	60	17,6			

TABLEAU DE MOUILLAGE

(Suite)

DEGRÉS à réduire	DEGRÉS à obtenir	QUANTITÉ d'eau à ajouter
de		lit. déc.
68°	38°	81,4
»	39	76,7
»	40	72,3
»	41	68,1
»	42	64,1
»	43	60,3
»	44	56,6
»	45	53,1
»	46	49,7
»	47	46,5
»	48	43,4
»	49	40,4
»	50	37,6
»	51	34,8
»	52	32,2
»	53	29,6
»	54	27,2
»	55	24,8
»	56	22,5
»	57	20,3
»	58	18,1
»	59	16,0
»	60	14,0
»	61	12,1
»	62	10,2
»	63	9,4
»	64	6,6
»	65	4,9
»	66	3,2
»	67	1,6
67°	38°	78,6
»	39	74,1
»	40	69,7
»	41	65,6
»	42	61,6
»	43	57,8
»	44	54,2
»	45	50,8
»	46	47,4
»	47	44,3
»	48	41,2

DEGRÉS à réduire	DEGRÉS à obtenir	QUANTITÉ d'eau à ajouter
de	à	lit. déc.
66°	38°	75,9
»	39	71,4
»	40	67,1
»	41	63,0
»	42	59,4
»	43	55,4
»	44	51,8
»	45	48,4
»	46	46,1
»	47	42,0
»	48	39,0
»	49	36,1
»	50	33,4
»	51	30,7
»	52	28,1
»	53	25,6
»	54	23,2
»	55	20,9
»	56	18,7
»	57	16,6
»	58	14,5
»	59	12,5
»	60	10,5

DEGRÉS à réduire	DEGRÉS à obtenir	QUANTITÉ d'eau à ajouter
de	à	lit. déc.
66°	61°	8,6
»	62	6,8
»	63	5,0
»	64	3,3
»	65	1,6
65°	38°	73,1
»	39	68,7
»	40	64,5
»	41	60,5
»	42	56,6
»	43	52,9
»	44	49,4
»	45	46,1
»	46	42,9
»	47	39,8
»	48	36,8
»	49	34,0
»	50	31,3
»	51	28,6
»	52	26,1
»	53	23,7
»	54	21,3
»	55	19,0
»	56	16,8
»	57	14,7
»	58	12,7
»	59	10,7
»	60	8,8
»	61	6,9
»	62	5,1
»	63	3,3
»	64	1,6

DEGRÉS à réduire	DEGRÉS à obtenir	QUANTITÉ d'eau à ajouter
de	à	lit. déc.
64°	46°	40,6
»	47	37,6
»	48	34,6
»	49	31,8
»	50	29,2
»	51	26,6
»	52	24,4
»	53	21,7
»	54	19,4
»	55	17,1
»	56	15,0
»	57	12,8
»	58	10,9
»	59	8,9
»	60	7,0
»	61	5,2
»	62	3,4
»	63	1,7
63°	38°	67,6
»	39	63,3
»	40	59,3
»	41	55,4
»	42	51,6
»	43	48,1
»	44	44,7
»	45	41,4
»	46	38,3
»	47	35,3
»	48	32,5
»	49	29,7
»	50	27,1
»	51	24,5
»	52	22,1
»	53	19,7
»	54	17,4
»	55	15,2
»	56	13,1
»	57	11,0
»	58	9,0
»	59	7,1
»	60	5,2

TABLEAU DE MOUILLAGE

(Suite)

DEGRÉS à réduire	DEGRÉS à obtenir	QUANTITÉ d'eau à ajouter
de	à	lit. déc.
63°	61°	3,4
»	62	1,7
62°	38°	64,9
»	39	60,5
»	40	57,6
»	41	52,8
»	42	49,1
»	43	45,6
»	44	42,3
»	45	39,1
»	46	36,0
»	47	33,1
»	48	30,3
»	49	27,6
»	50	25,0
»	51	22,5
»	52	20,0
»	53	17,7
»	54	15,5
»	55	13,3
»	56	11,2
»	57	9,2
»	58	7,2
»	59	5,3
»	60	3,6
»	61	1,7
61°	38°	62,2
»	39	58,0
»	40	54,0
»	41	50,3
»	42	46,7
»	43	43,2
»	44	39,9
»	45	36,8
»	46	33,8
»	47	30,9
»	48	28,1
»	49	25,4
»	50	22,9
»	51	20,4

DEGRÉS à réduire	DEGRÉS à obtenir	QUANTITÉ d'eau à ajouter
de	à	lit. déc.
61°	52°	18,0
»	53	15,7
»	54	13,5
»	55	11,4
»	56	9,3
»	57	7,3
»	58	5,4
»	59	3,5
»	60	1,7
60°	38°	69,4
»	39	55,3
»	40	51,4
»	41	47,7
»	42	44,2
»	43	40,8
»	44	37,5
»	45	34,5
»	46	31,5
»	47	28,6
»	48	25,9
»	49	23,3
»	50	20,8
»	51	18,3
»	52	16,0
»	53	13,7
»	54	11,6
»	55	9,5
»	56	7,4
»	57	5,5
»	58	3,6
»	59	1,8
59°	38°	56,7
»	39	52,7
»	40	48,8
»	41	45,2
»	42	41,7
»	43	38,4
»	44	35,2
»	45	32,1
»	46	29,2

DEGRÉS à réduire	DEGRÉS à obtenir	QUANTITÉ d'eau à ajouter
de	à	lit. déc.
59°	47°	26,4
»	48	23,7
»	49	21,2
»	50	18,7
»	51	16,3
»	52	14,0
»	53	11,8
»	54	9,6
»	55	7,6
»	56	5,6
»	57	3,7
»	58	1,8
58°	38°	54,0
»	39	50,0
»	40	46,2
»	41	42,6
»	42	39,2
»	43	35,9
»	44	32,8
»	45	29,8
»	46	26,9
»	47	24,2
»	48	21,6
»	49	19,0
»	50	16,6
»	51	14,2
»	52	12,0
»	53	9,9
»	54	7,7
»	55	5,7
»	56	3,7
»	57	1,8
57°	38°	51,2
»	39	47,3
»	40	43,6
»	41	40,1
»	42	36,7
»	43	33,5
»	44	30,5
»	45	27,5

DEGRÉS à réduire	DEGRÉS à obtenir	QUANTITÉ d'eau à ajouter
de	à	lit. déc.
57°	46°	24,7
»	47	22,0
»	48	19,4
»	49	16,9
»	50	14,5
»	51	12,2
»	52	10,0
»	53	7,8
»	54	5,8
»	55	3,8
»	56	1,9
56°	38°	48,5
»	39	44,7
»	40	41,1
»	41	37,6
»	42	34,3
»	43	31,1
»	44	28,1
»	45	25,2
»	46	22,4
»	47	19,8
»	48	17,2
»	49	14,8
»	50	12,4
»	51	10,2
»	52	8,0
»	53	5,9
»	54	3,8
»	55	1,9
55°	38°	45,8
»	39	42,0
»	40	38,5
»	41	35,0
»	42	31,8
»	43	28,7
»	44	25,7
»	45	22,9
»	46	20,2
»	47	17,6
»	48	15,1

TABLEAU DE MOUILLAGE

(Suite)

DEGRÉS à réduire	DEGRÉS à obtenir	QUANTITÉ d'eau à ajouter
de	à	lit. déc.
55°	49°	12,7
»	50	10,3
»	51	8,1
»	52	6,0
»	53	3,9
»	54	1,9
54°	38°	43,1
»	39	39,4
»	40	35,9
»	41	32,5
»	42	29,3
»	43	26,3
»	44	23,4
»	45	20,6
»	46	17,9
»	47	15,3
»	48	12,9
»	49	10,5
»	50	8,3
»	51	6,1
»	52	4,0
»	53	1,9
53°	38°	40,3
»	39	36,7
»	40	33,3
»	41	30,0
»	42	26,9
»	43	23,9
»	44	21,0
»	45	18,3
»	46	15,7
»	47	13,2
»	48	10,7
»	49	8,4
»	50	6,2
»	51	4,1
»	52	2,0

DEGRÉS à réduire	DEGRÉS à obtenir	QUANTITÉ d'eau à ajouter
de	à	lit. déc.
52°	38°	37,6
»	39	34,1
»	40	30,7
»	41	27,5
»	42	24,4
»	43	21,5
»	44	18,7
»	45	16,0
»	46	13,4
»	47	11,0
»	48	8,6
»	49	6,3
»	50	4,1
»	51	2,0
51°	38°	34,9
»	39	31,4
»	40	28,1
»	41	25,0
»	42	22,0
»	43	19,1
»	44	16,3
»	45	13,7
»	46	11,2
»	47	8,7
»	48	6,4
»	49	4,2
»	50	2,1
50°	38°	32,2
»	39	28,8
»	40	25,6
»	41	22,5
»	42	19,5
»	43	16,7
»	44	14,0
»	45	11,4
»	46	8,9
»	47	6,6

DEGRÉS à réduire	DEGRÉS à obtenir	QUANTITÉ d'eau à ajouter
de	à	lit. déc.
50°	48°	4,3
»	49	2,1
49°	38°	29,5
»	39	26,2
»	40	23,0
»	41	20,0
»	42	17,1
»	43	14,3
»	44	11,6
»	45	9,1
»	46	6,7
»	47	4,4
»	48	2,1
48°	38°	26,8
»	39	23,5
»	40	20,4
»	41	17,4
»	42	14,6
»	43	11,9
»	44	9,3
»	45	6,8
»	46	4,5
»	47	2,2
47°	38°	24,4
»	39	20,9
»	40	17,9
»	41	14,9
»	42	12,2
»	43	9,5
»	44	7,0
»	45	4,6
»	46	2,2
46°	38°	21,4
»	39	18,3
»	40	15,3

DEGRÉS à réduire	DEGRÉS à obtenir	QUANTITÉ d'eau à ajouter
de	à	lit. déc.
46°	41°	12,4
»	42	9,7
»	43	7,0
»	44	4,6
»	45	2,3
45°	38°	18,7
»	39	15,7
»	40	12,7
»	41	9,9
»	42	7,3
»	43	4,7
»	44	2,3
44°	38°	16,0
»	39	13,0
»	40	10,2
»	41	7,5
»	42	4,9
»	43	2,4
43°	38°	13,4
»	39	10,4
»	40	7,6
»	41	5,0
»	42	2,4
42°	38°	10,7
»	39	7,8
»	40	5,1
»	41	2,5
41°	38°	8,0
»	39	5,2
»	40	2,5
40°	38°	5,3
»	39	2,6
39°	38°	2,7

CHAPITRE XVIII

NOUVEAU RÉGIME DES BOUILLEURS DE CRU

LOI DU 27 FÉVRIER 1906

Article unique. — « Les propriétaires distillant les marcs, vins, cidres et poires, prunes, cerises, prunelles et lies qui proviennent exclusivement de leurs récoltes, sont dispensés de toute déclaration préalable et affranchis de l'exercice à partir du 1er mars 1906. »

Le bouilleur de cru est le propriétaire, fermier ou métayer qui distille ou fait distiller chez lui les vins, marcs, lies, cidres, poires, prunes, prunelles et cerises, exclusivement de sa **propre récolte**. La loi du 27 février 1906 l'affranchit de toutes formalités à l'égard de ses opérations.

Le bouilleur ambulant est le bouilleur à façon ou loueur d'alambic qui va d'un endroit à un autre distiller pour le compte de ses clients, propriétaires, particuliers ou négociants. *C'est à tort que dans la plupart des campagnes on a pris l'habitude de l'appeler Bouilleur de cru.* Il importe de ne pas confondre sous la même dénomination deux situations différentes au point de vue de la réglementation.

LES BOUILLEURS RÉCOLTANTS

La loi du 27 février 1906 a rétabli définitivement le *droit*, pour les producteurs (propriétaires, fermiers ou métayers) de distiller ou de faire distiller, librement, chez eux, les produits de *leurs récoltes* désignés ci-dessus, sans être soumis à *aucune déclaration de distillation*, ni à l'ingérence ou au contrôle de la Régie, soit avant, pendant ou après leurs opérations, ni à *aucune prise en charge*, pas plus pour les anciennes eaux-de-vie que pour celles de nouvelle fabrication, les unes et les autres étant *dispensées de l'impôt de consommation*, tant qu'elles ne sont pas expédiées hors du domicile des producteurs.

Sont également supprimées, en fait, chez les récoltants bénéficiaires de la loi du 27 février 1906, les obligations relatives au scellement et au descellement des alambics.

Des dispositions additionnelles introduites par la loi de finances du 17 avril 1906, il résulte que les récoltants, qui auraient à distiller dans une partie de leurs propriétés, séparée par la voie publique ou le terrain d'autrui (et à quelque distance que ce soit) d'un autre local leur appartenant et où ils désireraient amener les eaux-de-vie, pourront les y transférer en *franchise du droit de consommation et sans prise en charge*. Il leur suffira de faire, au bureau de la Régie, une déclaration préalable du transport et d'effectuer celui-ci sous acquit-à-caution, lequel sera déchargé purement et simplement après l'arrivée des eaux-de-vie à destination.

Le bénéfice de cette mesure pourra être réclamé, dans les mêmes conditions, par les récoltants qui auraient mis leurs produits en œuvre dans leurs ateliers publics ou communaux, syndicaux ou coopératifs.

Lorsque des récoltants auront à déplacer leurs alambics entre des parties séparées de propriété, ou pour les prêter occasionnellement à un voisin le coût de l'acquit-à-caution à demander pour légitimer ce déplacement sera réduit à o fr. 10, si les appareils ne sortent pas du territoire de la commune.

La dite loi du 17 avril 1906, article 10, laisse aux récoltants qui voudraient expédier leurs produits avec les acquits blancs à certificat d'origine accordés seulement aux eaux-de-vie naturelles distillées *sous le contrôle* de la Régie, la faculté de demander expressément ce contrôle, par une déclaration préalable, qui implique la *renonciation volontaire* au bénéfice de la loi du 27 février 1906. Dans ce cas, tout spécial et *nullement obligatoire*, la franchise du droit de consommation n'est allouée que pour 20 litres d'alcool pur, annuellement, et les formalités à remplir sont celles qui étaient imposées par la loi de 1903.

BOUILLEURS AMBULANTS

La loi du 27 février 1906 (voir page précédente), visant uniquement la situation des récoltants, les dispositions antérieures des lois et règlements relatifs aux bouilleurs ambulants ou loueurs d'alambics, subsistent en tant qu'elles sont personnelles à ces industriels.

En attendant que l'on obtienne la suppression de certaines de ces formalités, dont quelques-unes n'ont plus guère de raison d'être maintenues aujourd'hui, nous rappelons celles qui sont encore imposées aux bouilleurs ambulants.

1° — *Permis de circulation* : En vertu des articles 33 et 34 du décret du 15 avril 1881, le bouilleur ambulant qui va exercer son industrie au domicile d'autrui est tenu, 48 heures au moins avant de se mettre en route, d'en faire la déclaration chez le receveur-buraliste, qui lui délivrera un permis de circulation indiquant le jour où commencera et celui où finira la mise en circulation de l'alambic, ainsi que les communes dans lesquelles il doit être successivement mené.

Ce permis coûte 10 centimes et est valable pour un mois, mais seulement dans la circonscription de la recette où il a été délivré. Lorsque les conducteurs d'alambics se trouvent dans la nécessité de modifier leur itinéraire ou de stationner dans une commune au delà du délai fixé, ils doivent en faire préalablement la déclaration, soit à la recette buraliste, soit aux agents d'exercice de la localité. Ce changement d'itinéraire est mentionné au verso du permis de circulation, si l'alambic ne doit pas quitter la circonscription de la recette. Dans le cas contraire, le permis peut être échangé, sans condition de délai, contre un nouveau permis.

2°. — *Cahier-Journal* : L'article 11 de la loi du 29 décembre 1900, a imposé aux bouilleurs ambulants la tenue d'un cahier-journal fourni par la Régie, et sur lequel ils doivent inscrire les noms et adresses des clients chez qui ils opèrent, la date, l'heure du commencement et de la fin de chaque opération, la nature et le volume des matières mises à l'alambic, et, à la fin de chaque journée de travail, les quantités d'alcool produites. Ce registre doit être représenté à toute réquisition du service, *excepté chez les récoltants*, car les employés de la Régie ne peuvent y entrer librement, c'est-à-dire sans avoir rempli au préalable les formalités légales exigées en cas de visite domiciliaire.

Une ampliation ou copie des inscriptions au cahier-journal dûment signée par le loueur, doit être remise au service de la Régie aussitôt après l'achèvement des travaux chez chaque client.

Les bouilleurs ambulants n'ont plus à faire contresigner par les récoltants les inscriptions et ampliations du cahier-journal, ni à noter les stocks d'anciennes eaux-de-vie en leur possession. Ces formalités sont à observer seulement chez les clients qui ne sont pas récoltants.

3° — *Déclaration de présence* : L'article 16 de la loi du 31 mars 1903 prescrit aussi aux bouilleurs ambulants de déclarer à leur arrivée dans chaque commune, à la recette buraliste (ou s'il n'y en a pas dans la commune, au bureau de tabac, ou, à défaut, à la mairie) chez quelles personnes ils vont distiller et quand commencera le travail chez chacune d'elles ; quitte à modifier ensuite, par de nouvelles déclarations, leur programme primitif, s'il y a lieu d'y apporter des changements.

4° — *Scellement et Descellement* : De même que tous autres alambics, à l'exception de ceux des récoltants, les appareils des loueurs restent soumis, jusqu'à nouvel avis, à la formalité du scellement durant les périodes où il n'en est pas fait usage.

Toutefois, le bouilleur ambulant, quand il peut revendiquer pour lui-même la situation de récoltant, jouit à ce titre des dispenses consacrées par la loi du 27 février 1900 et conserve pour son usage personnel, chez lui, la libre disposition de son alambic.

Le scellement n'est pas obligatoire non plus pour les courts arrêts qui peuvent survenir au dehors, en cours d'une tournée de travail, pourvu que le lieu où stationne l'appareil soit bien celui indiqué par les déclarations.

L'opération du scellement et celle du descellement sont effectuées par les soins et aux frais de la Régie, laquelle se fournit elle-même des fils métalliques, obturateurs, plombs, cachets, etc., qu'elle juge nécessaires.

La demande de descellement doit être faite au moins trois jours à l'avance et elle en énonce le motif (soit pour distillation, nettoyage, réparation, etc.). Si les employés ne sont pas venus dans un délai expirant trois heures après la date et l'heure fixées dans la demande, le détenteur de l'alambic peut le desceller lui-même, sauf à conserver les plombs, pour les remettre ensuite aux employés quand ils se présenteront.

Aussitôt après la cessation d'usage de l'appareil, il y a lieu d'en donner avis par déclaration au bureau, pour que les organes en soient replacés sous scellés.

TABLE ALPHABÉTIQUE

TABLE DES FIGURES

TABLE DES MATIERES

PREMIERE PARTIE

NOTIONS GÉNÉRALES SUR LES EAUX-DE-VIE ET LES ALCOOLS D'INDUSTRIE

CHAPITRE I

Ce que l'on entend par eaux-de-vie et alcools d'industrie

CHAPITRE II

Principe de la fabrication des eaux-de-vie et des alcools.

DEUXIÈME PARTIE

LES EAUX-DE-VIE

CHAPITRE III

Les eaux-de-vie de vins.

CHAPITRE IV

Eaux-de-vie de vins altérés et malades.

CHAPITRE V

Eaux-de-vie de lies.

CHAPITRE VI

Eaux-de-vie de marcs de raisins.

CHAPITRE VII

Eaux-de-vie de cidre et de poiré.

CHAPITRE VIII

Les eaux-de-vie de fruits à noyaux.

CHAPITRE IX

Vieillissement de l'eau-de-vie.

CHAPITRE X

Composition de l'eau-de-vie.

CHAPITRE XI

Manipulations subies par les eaux-de-vie.

CHAPITRE XII

Maladies et altérations des eaux-de-vie.

TROISIÈME PARTIE

LES ALCOOLS D'INDUSTRIE

CHAPITRE XIII

Notions préliminaires. Alcool de betteraves.

CHAPITRE XIV

Alcool de grains.

CHAPITRE XV

Appareils distillatoires et de rectification employés dans la fabrication des alcools d'industrie.

QUATRIÈME PARTIE

ALCOOMÉTRIE

CHAPITRE XVI

Détermination de la richesse alcoolique des eaux-de-vie et des alcools.

CHAPITRE XVII

Documents.

CHAPITRE XVIII

Nouveau régime des bouilleurs de cru.

Paris. — Imprimerie LAHURE, 9, rue de Fleurus.

Librairie HACHETTE et Cⁱᵉ, 79, Boulevard Saint-Germain, Paris.

ENCYCLOPÉDIE
des
Connaissances Agricoles

PUBLIÉE PAR UNE RÉUNION DE MEMBRES DE L'ENSEIGNEMENT AGRICOLE

SOUS LE PATRONAGE DE MM.

ADOLPHE CARNOT
Membre de l'Institut.

ED. MAMELLE
Sous-Directeur de l'Agriculture.

ET SOUS LA DIRECTION DE

E. CHANCRIN
Ingénieur agronome. Directeur d'Ecole d'Agriculture.

Pour donner plus facilement aux élèves des écoles primaires et primaires supérieures un enseignement agricole ayant un caractère nettement pratique, il manquait des ouvrages d'un prix modique, rédigés par des hommes du métier, ayant en même temps l'habitude d'enseigner.

C'est à ce besoin que répond la collection de l'*Encyclopédie des Connaissances agricoles*, publiée par une réunion de membres de l'enseignement agricole, sous le patronage de M. Adolphe CARNOT, membre de l'Institut, de M. MAMELLE, sous-directeur de l'agriculture, et sous la direction de M. CHANCRIN, ingénieur agronome, directeur d'école d'agriculture, ancien professeur d'école primaire supérieure.

Ce qui caractérise plus particulièrement cette collection, c'est qu'elle comprend un certain nombre de volumes consacrés aux notions générales sur les sciences appliquées à l'agriculture et parfaitement adaptés à l'enseignement général.

Parmi ces volumes, ont déjà paru :

Chimie générale appliquée à l'agriculture. . . . . 2 fr. 5o
Chimie agricole.. . . . . 2 fr. 5o

Le professeur y trouvera une foule d'applications faites pour intéresser les élèves qui doivent revenir à l'agriculture. Les agriculteurs de profession et tous ceux qui s'occupent de cultiver leur jardin y trouveront des principes pour se diriger dans leur travail.

Outre ces ouvrages d'enseignement général, la collection comprend une série d'ouvrages pratiques concernant les différentes branches de l'agriculture: *Laiterie, beurrerie, fromagerie ; Conserves alimentaires ; Forêts, pâturages, prés-bois ; Prairies; Viticulture, etc., etc.*

Les maîtres en particulier et tous les lecteurs trouveront dans ces petits livres très condensés et d'un prix très modique des renseignements précis sur beaucoup de questions.

Cette collection vraiment pratique, qui peut être consultée par tous, où tous trouveront sur bien des points des indications et des conseils, a sa place marquée dans les Bibliothèques populaires et scolaires. Peu d'ouvrages y rendront plus de services que l'*Encyclopédie des Connaissances agricoles.*

66641. — Imprimerie LAHURE, 9; rue de Fleurus, Paris. — 5.-1910. — 22.000.

Chimie générale ● ● ● ● ● appliquée à l'agriculture,

par **E. CHANCRIN**, Directeur de l'École de Viticulture et d'Agriculture de Beaune.

DEUXIÈME ÉDITION

Un volume de 260 pages avec 164 figures, cartonné. . . . 2 fr. 50

Depuis un certain nombre d'années, l'agriculture a cessé d'être purement empirique ; elle devient de plus en plus une science. « Les praticiens n'acceptent plus, sans les discuter, les vieilles formules établies lentement par une longue série d'observations transmises d'une génération à l'autre ; très sagement ils veulent non les abandonner, mais en comprendre la raison et les améliorer ; pour y réussir des connaissances positives leur sont nécessaires. »

Ces connaissances leur sont données en grande partie par la *Chimie agricole*. Mais la chimie agricole a besoin d'être accompagnée d'une étude élémentaire de *Chimie générale*, sorte de livre de consultations où les agriculteurs aussi bien que les Élèves des écoles pourront apprendre les propriétés des corps qu'ils utilisent et sur lesquels ils n'ont quelquefois que des renseignements peu précis ou erronés.

Le mot de chimie effraye encore beaucoup d'agriculteurs. En réalité la chimie n'est pas une science inaccessible au grand public. Elle est au contraire accessible à tous, même aux jeunes gens qui n'ont fréquenté que l'École primaire, à une condition qu'elle soit présentée sous une forme très simple.

L'auteur s'est borné à l'étude des principaux corps que l'agriculture emploie ou que le cultivateur a intérêt à connaître. — Parmi ces corps nous pouvons citer : *l'eau* (eau potable ; l'eau à la ferme, moyens de purifier l'eau), l'ammoniac, le soufre, les acides (acide sulfurique, acide chlorhydrique, etc.), l'acide sulfureux, les charbons, l'acide carbonique, le sulfure de carbone, etc., les principaux métaux usuels (fer, cuivre, étain, plomb), les différents corps employés comme engrais (le nitrate de soude, le sulfate d'ammoniaque, le chlorure de potassium, le sulfate de potasse, les phosphates, les scories de déphosphoration, les superphosphates, etc.), la chaux, le calcaire, le plâtre. *Les matières organiques* : pétrole, acétylène, essence de térébenthine, produits de la houille, le gaz pauvre employé en agriculture, le goudron, la benzine, les alcools, les glucoses, les sucres, l'amidon, la fécule, les principaux acides organiques [acide acétique (vinaigre), l'acide tartrique, etc.], les alcaloïdes (nicotine, quinine, etc.), *matières albuminoïdes* (albumine, caséine, gluten, fibrine), gélatine.

Chaque propriété des corps est suivie d'une expérience pratique que l'on peut faire avec un matériel extrêmement simple. Pour l'exécution des expériences, M. Chancrin a laissé systématiquement de côté les appareils compliqués ou coûteux ; il a cité seulement ceux que tous les jeunes gens peuvent construire eux-mêmes sans difficultés, afin de montrer, selon l'expression de Balard, « que l'on peut faire de la chimie partout avec tous les moyens ».

Chimie agricole,
par **E. CHANCRIN**, Ingénieur agronome, directeur de l'École de viticulture et d'agriculture de Beaune.

DEUXIÈME ÉDITION

Un volume de 225 pages avec 45 figures, cartonné. . . . **2 fr. 50**

La chimie agricole s'applique à rendre la culture rémunératrice ; elle guide l'agriculteur qui désire obtenir la plus grande quantité possible de produits végétaux utiles avec un *bénéfice maximum*. De toutes les sciences, c'est elle qui contribue le plus à la marche en avant de l'agriculture dans la voie du progrès, elle est en quelque sorte la « lanterne » qui éclaire presque toutes les opérations agricoles.

L'ouvrage de M. Chancrin est à la portée de tout le monde : pour le lire avec fruit, point n'est besoin d'avoir fait ce que l'on appelle de « bonnes études », tous les agriculteurs peuvent le consulter.

CHAP. Iᵉʳ. — Les substances que contiennent les plantes.

CHAP. II et III. — Comment les plantes se nourrissent au début de leur développement. — Germination.

CHAP. IV. — Alimentation générale des végétaux.

CHAP. V. — Comment les plantes absorbent les matières fertilisantes nécessaires à leur nourriture.

CHAP. VI. — Du rôle de l'eau dans l'alimentation de la plante.

CHAP. VII. — Comment la plante prépare sa nourriture.

CHAP. VIII et IX. — Étude de l'atmosphère et étude du sol.

CHAP. X et XI. — Propriétés des terres arables. — Conseils aux agriculteurs pour faire exécuter les analyses de leurs terres et prendre les échantillons.

CHAP. XII. — Propriétés absorbantes des terres arables.

CHAP. XIII. — Les microbes du sol ; leur rôle en agriculture.

CHAP. XIV et XV. — De l'utilité des engrais. — Loi du minimum. — La loi de restitution et les avances d'engrais faites au sol. — Doses d'engrais à employer. — La jachère. — Les assolements.

CHAP. XVI. — Le fumier; composition; soins à donner au fumier.

CHAP. XVII. — Engrais organiques divers (engrais flamand, poudrettes, guanos, engrais verts, etc.). Les composts.

CHAP. XVIII, XIX et XX. — Les engrais chimiques ou engrais de commerce. — Engrais azotés : sang, viande desséchée, corne, cuir, etc.; nitrate de soude, sulfate d'ammoniaque.

CHAP. XXI. — *Les engrais phosphatés :* phosphates naturels, phosphates d'os. — Scories de déphosphoration, superphosphates de chaux.

CHAP. XXII. — *Les engrais potassiques :* kaïnite, chlorure de potassium, sulfate de potasse.

CHAP. XXIII. — *Engrais calcaires, ou amendements :* la chaux, le chaulage, marnage.

CHAP. XXIV. — Engrais divers : plâtrage, etc.

CHAP. XXV. — Fabrication des engrais composés à la ferme.

CHAP. XXVI. — *Achat des engrais.* — Comment on prend un échantillon d'engrais. — Conseils pour l'analyse des engrais. — Détermination de la valeur des engrais. — Comment l'agriculteur peut déterminer la valeur des engrais composés. — Stations agronomiques et laboratoires agricoles.

CHAP. XXVII. — Essais culturaux pour déterminer l'efficacité et l'utilité des engrais.

Viticulture moderne,

DEUXIÈME ÉDITION

par **E. CHANCRIN**, Ingénieur-agronome, directeur de l'École de viticulture et d'agriculture de Beaune.

Un volume de 332 pages avec 208 figures, cartonné. . . 3 fr. •

La culture de la vigne, de routinière qu'elle était autrefois, est devenue aujourd'hui scientifique. Le viticulteur ne peut plus se contenter des règles empiriques qui l'avaient guidé jusqu'alors; une instruction spéciale lui est devenue indispensable.

M. Chancrin a réuni dans la *Viticulture moderne* toutes les notions nécessaires à cette instruction.

La 1ʳᵉ partie comprend une étude pratique de la vigne. Pour bien comprendre, en effet, toutes les opérations raisonnées de la culture, il est indispensable de connaître tout d'abord comment vit la vigne et par conséquent les différents organes de cette plante ainsi que leurs fonctions.

Dans la 2ᵐᵉ partie, l'auteur décrit les principaux cépages en les plaçant dans les différentes régions où on les cultive, sans faire en même temps une description géologique de ces dernières afin de rester dans les limites que ne doit pas dépasser un ouvrage simple.

Dans la 3ᵐᵉ partie sont exposés les *procédés de multiplication de la vigne* : semis, bouturage, marcottage, provignage et plus particulièrement le greffage.

L'auteur a apporté tous ses soins à l'étude importante des *porte-greffes* et donné des conseils sur leur emploi non seulement dans les terrains calcaires, mais aussi dans les terrains compacts, humides ou secs.

Toutes les questions pratiques concernant l'*établissement d'un vignoble* ont été passées en revue dans la 4ᵐᵉ *partie*.

Au lieu de décrire successivement les *tailles* des différentes régions, l'auteur les a groupées par catégories dans une 5ᵐᵉ *partie*, montrant les relations qu'elles ont entre elles.

A propos des *travaux manuels du sol*, compris dans la 6ᵐᵉ *partie*, M. Chancrin parle de la question intéressante de la culture superficielle des vignes.

La 7ᵐᵉ partie, Fumure des vignes, est particulièrement importante pour le cultivateur, lequel éprouve fréquemment des difficultés dans l'emploi raisonné des engrais chimiques. Le fumier de ferme dans les régions viticoles est souvent rare et coûteux; l'auteur a voulu par des formules nombreuses guider les praticiens.

Les ennemis et les maladies de la vigne menacent souvent les récoltes et sont une grande préoccupation pour les viticulteurs. M. Chancrin donne de nombreux détails sur les moyens de lutte à employer contre eux.

Le Vin ⦿ ⦿ ⦿ ⦿ ⦿ ⦿ ⦿ ⦿ ⦿

par M. CHANCRIN, directeur de l'École de viticulture et d'agriculture de Beaune.

Procédés modernes de préparation, d'amélioration et de conservation,

Un volume in-16 de 228 pages avec 105 figures, cartonné ... 2 fr. 5o

Les viticulteurs demandent souvent pour les conseiller dans leurs opérations un ouvrage sur la *vinification* qui ne soit ni trop élémentaire, bon seulement pour les écoliers, ni trop savant, trop théorique et volumineux. Le livre de M. Chancrin répond parfaitement à leur demande : c'est un véritable guide pour les praticiens qui désirent connaître les procédés modernes de préparation, d'amélioration et de conservation des vins tout en observant scrupuleusement la nouvelle loi sur les fraudes que des commentaires expliquent très clairement. Les principales parties étudiées sont les suivantes :

Première partie. — Étude du raisin et du moût (composition et analyse à la propriété).

Deuxième partie. — Vendange et préparation du moût. — Levures et produits de la fermentation ; levures sélectionnées et pieds de cuve. — Comment on améliore le moût (vinaigre, sucrage, plâtrage, tartrage, phosphatage, tanisage, chauffage et coloration du moût). — Conservation du moût de raisin. — Les différents systèmes de cuvage. — Pressurage.

Vinification des vins blancs. — Nouveaux procédés de vinification (diffusion, sulfitage et levurage).

Troisième partie. — Composition et analyse des vins à la propriété. — Comment on améliore les vins. — Comment on reconnaît les principales falsifications.

Quatrième partie. — Des soins à donner aux vins (soutirage, ouillage, collage, filtrage). — Procédés de conservation des vins (pasteurisation, congélation, mise en bouteilles).

Cinquième partie. — Hygiène des vins. — Soins à donner au matériel vinaire. — Maladies des vins (fleur, piqûre, tourne et pousse, graisse, amertume, casse, etc). — Défauts accidentels des vins. — Les vins malades et la loi.

Sixième partie. — Fabrication des vins de marcs ou de 2ᵉ cuvée. — Fabrication de la piquette. — Utilisation des sous-produits.

Septième partie. — Le vin et la loi sur les fraudes (commentaires).

Librairie HACHETTE et C⁹, 79. Boulevard Saint-Germain, Paris

La Bière ◉ ◉ ◉ ◉ ◉ ◉ ◉ ◉

Procédés modernes de fabrication et Utilisation des sous-produits,

par **A. MOREAU**, Professeur de Brasserie à l'Ecole nationale des Industries Agricoles de Douai (2ᵉ édit.)

Un volume de 32 pages, avec 10 figures, cartonné . . . . 50 c.

Par les progrès qui ont modifié son outillage, par l'étendue de ses usines, par l'importance des capitaux qu'elle exige, la

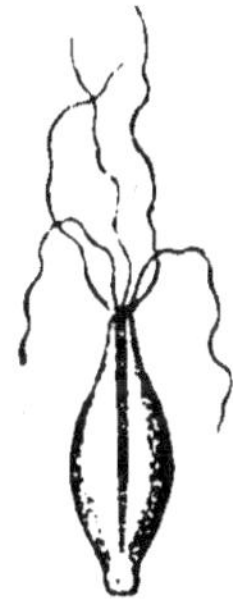

GRAINE D'ORGE GERMÉE.

brasserie appartient à la catégorie des grandes industries. Néanmoins l'agriculteur à tout intérêt à connaître cette industrie à laquelle il fournit les matières premières (orge, houblon, etc.) et dont il peut utiliser les résidus.

M. Moreau a exposé très clairement et très méthodiquement dans son petit livre les principes les plus simples de la fabrication de la bière ; il s'est attaché particulièrement à indiquer aux cultivateurs les produits que la brasserie leur demande et les résidus que l'on peut employer à la ferme, les drèches pour l'engraissement des bestiaux, les radicelles de l'orge et les marcs de houblon pour la fumure des terres.

Un chapitre spécial a été consacré à la *fabrication de la bière à la ferme*: M. Moreau y montre comment les agriculteurs peuvent fabriquer eux-mêmes une boisson saine et économique, en se rapprochant le plus possible des procédés industriels.

Il donne enfin des détails très intéressants pour le grand public sur la valeur de la bière comme boisson hygiénique.

CHAP. Iᵉʳ. — Matières employées pour la fabrication de la bière (eau, houblon, orge, levure).

CHAP. II. — Germination ou maltage.

CHAP. III. — Fabrication du moût de bière. — Les différentes méthodes employées.

CHAP. IV. — Fermentation du moût sucré.

CHAP. V. — Fabrication de la bière à la ferme.

CHAP. VI. — Emploi des sous-produits en agriculture : radicelles, drèches, marcs de houblon, levure.

CHAP. VII. — La bière au point de vue hygiénique.

Les Essences et les Parfums,

(Extraction et fabrication), par Antonin ROLET, Ingénieur agronome, professeur à l'École d'Agriculture d'Antibes.

Suivi de l'**Essence de Térébenthine**, par Edmond **RABATÉ**, Ingénieur agronome, professeur départemental d'Agriculture de Lot-et-Garonne (2ᵉ édition).

Un volume de 104 pages avec 103 figures, cartonné. . . . . . 1 fr. 25

Les producteurs de fleurs doivent savoir mettre à contribution, dans leur intérêt, les améliorations apportées depuis quelques années dans l'obtention et le traitement des *essences* et des *parfums*. C'est pour les guider dans cette voie que M. Rolet a réuni dans ce petit ouvrage ce qu'il est indispensable de connaître sur la matière.

Le livre de M. Rolet s'adresse non seulement aux élèves des Écoles d'Agriculture, mais aussi aux agriculteurs qui peuvent créer des coopératives de producteurs, aux petits industriels, au grand public. Il comprend les divisions suivantes :

Première partie. — Les plantes à parfums et les essences.

Deuxième partie. — Extraction des essences : distillation. — Les plantes traitées par la distillation. — Macération. — Les fleurs traitées par la macération. — Enfleurage. — Les fleurs traitées par l'enfleurage. — Dissolvants volatils. — Expression.

Troisième partie. — Aperçu sur les parfums synthétiques. — Recettes et formules de produits de parfumerie qu'il est possible de composer avec les essences. — Coopérative de producteurs ; statuts d'une Société coopérative de production.

Le travail de M. Rabaté sur l'*Essence de Térébenthine* s'adresse aux propriétaires des forêts de pins, non seulement à ceux des Landes, de la Gascogne où l'industrie de l'essence de térébenthine a pris une grande importance, mais aussi à ceux de la Charente, de la Corrèze, du Périgord, de la Sologne, etc., où le pin occupe de grandes étendues et peut donner de sérieux bénéfices. Les différentes parties étudiées par M. Rabaté sont les suivantes : les principales térébenthines ; récolte de la gemme ; préparation de la térébenthine ; distillation à feu nu ; distillation à la vapeur ; les colophanes ; caractères, altérations et falsifications de l'essence de térébenthine. Emploi agricole des résines.

Laiterie, Beurrerie, Fromagerie, ● ● ●

par **V. HOUDET**, Agronome, directeur de l'École nationale des Industries laitières de Mamirolle.

Un volume de 142 pages avec 66 figures, cartonné. . . . . . 1 fr. 25

L'ouvrage de M. Houdet s'adresse aux cultivateurs, producteurs de lait, aux petits fabricants de beurre ou de fromages, aux élèves des Écoles d'agriculteurs ; il leur fait connaître, en

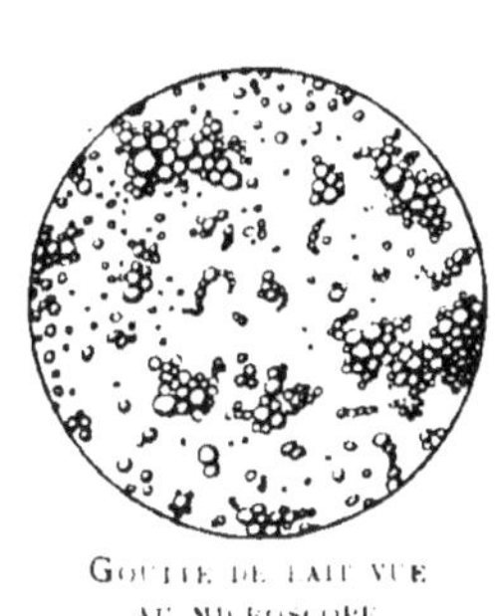
GOUTTE DE LAIT VUE AU MICROSCOPE.

les mettant à leur portée, les procédés actuels de fabrication à la fois raisonnés et pratiques concernant le lait, le beurre et les fromages. Les différents chapitres étudiés sont les suivants :

CHAP. Iᵉʳ. — *Le lait.* 1° Notions générales sur la composition, les propriétés et la production du lait ; 2° Les microbes du lait avec conclusions pratiques sur la traite des vaches, la propreté des manipulations ; 3° Vérification et analyse sommaire du lait.

CHAP. II. — *Traitement du lait.* Filtration, conservation par les différents procédés. Lait en poudre.

CHAP. III. — *Le beurre.* 1° Écrémage ; 2° Traitement de la crème avant le barattage ; 3° Barattage ; 4° Délaitage, malaxage, emballage et conservation du beurre ; 5° Utilisation des sous-produits de beurrerie (lait écrémé, lait de beurre).

CHAP. IV. — *Le fromage.* 1° La présure ; 2° Variétés et classification des fromages ; 3° Fromages obtenus par coagulation spontanée (fromages mous, maigres, à la pie, etc.) ; 4° Fromages obtenus par la présure (fromage à la crème, double crème, petit-suisse, etc.) ; 5° Fromages à pâte molle affinés (Brie, Camembert, Coulommiers) ; 6° Fromages affinés à croûte lavée (Géromé, Saint-Rémy, Pont-l'Évêque, Livarot, Mont-d'Or) ; 7° et 8° Fromages à pâte ferme (Roquefort, fromage du Cantal ou fourme, fromage de Hollande, Port-Salut, Gruyère, Emmenthal) ; 9° Utilisation des sous-produits de la fabrication des fromages ; 10° Installation et organisation des fromageries.

CHAP. V. — *Des exploitations laitières.* 1° Statuts d'une Société de fromagerie ; 2° Statuts d'une laiterie ou beurrerie coopérative ; 3° Modèle d'un marché de lait ; 4° Règlement concernant la livraison du lait ; 5° Modèle d'engagement d'un fromager.